中等职业教育 中餐烹饪 专业系列教材

中餐烹饪基础

第2版

主　编　陈　勇

副主编　胡学文　刘　雄

参　编　宋纯夫　雷雪峰

　　　　张　华　贾　晋

重庆大学出版社

内容提要

本书主要介绍了中餐烹饪概述,烹饪基本功训练,刀工与原料成形,烹饪原料的鉴别,烹饪原料初加工,火候,预熟处理,着味、挂糊、上浆、勾芡、制汤工艺基础,调味工艺基础,菜肴烹调方法及运用,菜肴和宴席的配制工艺等基础知识。

本书在重视中餐烹饪基础理论性、指导性的基础上,突出实操技术的务实性、灵活性。本书主要供中等职业学校中餐烹饪专业师生使用,也可作为职工培训学习教材。

图书在版编目(CIP)数据

中餐烹饪基础 / 陈勇主编. -- 2版. -- 重庆:重庆大学出版社,2021.8 (2023.7重印)
中等职业教育中餐烹饪专业系列教材
ISBN 978-7-5624-7302-2

Ⅰ.①中… Ⅱ.①陈… Ⅲ.①中式菜肴—烹饪—中等专业学校—教材 Ⅳ.①TS972.117

中国版本图书馆CIP数据核字(2021)第118135号

中等职业教育中餐烹饪专业系列教材

中餐烹饪基础(第2版)

主 编 陈 勇
副主编 胡学文 刘 雄
参 编 宋纯夫 雷雪峰 张 华 贾 晋
责任编辑:沈 静 陈亚莉 版式设计:程 晨
责任校对:王 倩 责任印制:张 策

*

重庆大学出版社出版发行
出版人:饶帮华
社址:重庆市沙坪坝区大学城西路21号
邮编:401331
电话:(023)88617190 88617185(中小学)
传真:(023)88617186 88617166
网址:http://www.cqup.com.cn
邮箱:fxk@cqup.com.cn(营销中心)
全国新华书店经销
中雅(重庆)彩色印刷有限公司印刷

*

开本:787mm×1092mm 1/16 印张:9.5 字数:246千
2013年8月第1版 2021年8月第2版 2023年7月第8次印刷
印数:24 001—27 000
ISBN 978-7-5624-7302-2 定价:49.00元

第2版前言

根据《教育部关于加快发展中等职业教育的意见》，中等职业学校要坚持科学发展观，以服务为宗旨，以就业为导向，以学生为中心，面向市场，面向社会，面向未来。根据经济结构调整、就业市场需要和专业结构，加快发展新兴产业和现代服务业的相关专业，改革职业教育课程模式、结构和内容，开发新的课程和教材。为适应职业教育发展的要求，适应用人单位的实际需要，我们编写了《中餐烹饪基础》。

中餐烹饪基础是中餐烹饪专业一门重要的专业基础课程。它涉及中餐烹饪概述，烹饪基本功训练，刀工与原料成形，烹饪原料的鉴别，烹饪原料初加工，火候，预热处理，着味、挂糊、上浆、勾芡、制汤工艺基础，菜肴烹调方法及运用，菜肴和宴席的配制工艺11个项目。本书以"项目"为单位，每个"项目"都是一个独立的内容，便于讲授和学习。本书以"教学目标""内容提要""任务""思考题"的体例编写，以培养从事烹饪工作、适应烹饪职业岗位要求的中等技能型人才为目标，以传授中餐烹饪基础理论知识为重点，兼顾实践操作。同时，根据中等职业学校中餐烹饪专业学生的认知特点，对本书内容的深度、难度做了较大的调整，在理论上做到精练，以够用为度，且与行业资格考试、岗位实际要求接轨。在编写中，尽可能使用图片、表格将各个知识点生动地展示出来，力求给学生营造一个更加直观的认知环境。

本书由重庆商务职业学院陈勇担任主编；重庆商务职业学院胡学文、刘雄担任副主编；重庆商务职业学院宋纯夫、张华，重庆市旅游学校雷雪峰，四川省商务学校贾晋担任参编。具体编写分工如下：陈勇编写项目1、项目7，胡学文编写项目3、项目4，刘雄编写项目6，宋纯夫编写项目2、项目11，雷雪峰编写项目8、项目10，贾晋编写项目5，张华编写项目9。

《中餐烹饪基础》第1版于2013年出版，先后重印多次，被多所学校选用。教材使用情况反馈良好，各方评价质量高，教材有特色，可供中等职业学校中餐烹饪专业师生使用，也可作为职工培训教材。

为与时俱进，更好地培养高素质、高技能人才，突出专业特色和社会发展的需要，我们对本书进行了修订。修订过程中，我们力求在充分系统反映本课程基本内容的同时，保证语言简练，内容通俗易懂。我们在以下几个方面对本书进行了修订：

1. 修订了第1版中不规范的文字和结构不合理的地方。例如，把原有的原料鉴别改成了原料鉴定；书中图表紧随所解释的内容之后。

2. 在项目3刀工与原料成形中增加了基本刀法和操作要领；对原料成形规格表中的数值

进行了修改，以便读者更好地掌握用刀的方法和技能。

因为编写时间仓促，本书可能还存在一些瑕疵，恳请各位专家学者、广大同仁和读者批评指正。

编　者

2021年5月

第1版前言

根据《教育部关于加快发展中等职业教育的意见》，中等职业学校要坚持科学发展观，以服务为宗旨，以就业为导向，以学生为中心，面向市场，面向社会，面向未来。根据经济结构调整、就业市场需要和专业结构，加快发展新兴产业和现代服务业的相关专业，改革职业教育课程模式、结构和内容，开发新的课程和教材。为了适应职业教育发展的要求，适应用人单位的实际需要，我们编写了《中餐烹饪基础》。

中餐烹饪基础是中餐烹饪专业一门重要的专业基础课程。它涉及中餐烹饪概述，烹饪基本功训练，刀工与原料成形，烹饪原料的鉴别，烹饪原料初加工，火候，预熟处理，着味、挂糊、上浆、勾芡、制汤工艺基础，调味工艺基础，菜肴烹调方法及运用，菜肴和宴席的配制工艺11个项目。本书以"项目"的形式编写，每一个"项目"都是一个独立的内容，便于讲授和学习。本书以"目标""任务""思考题"的体例编写，以培养从事烹饪工作、适应烹饪职业岗位要求的中等技能型人才为目标，以传授中餐烹饪基础理论知识为重点，兼顾实践操作。本书根据中等职业学校中餐烹饪专业学生认知特点，对教材内容的深度、难度做了较大的调整，在理论上做到精练，以够用为度，并与行业资格考试、岗位实际要求接轨，教材编写中尽可能使用图片、表格将各个知识点生动地展示出来，力求给学生营造一个更加直观的认知环境。

本书由重庆市商务高级技工学校陈勇担任主编，重庆市商务高级技工学校胡学文、刘雄任担任副主编，重庆市商务高级技工学校宋纯夫、重庆市旅游学校雷雪峰、四川省商业服务学校贾晋担任参编。本书具体编写工作分工如下：陈勇编写项目7、项目11，胡学文编写项目3、项目4，刘雄编写项目6、项目9，宋纯夫编写项目1、项目2编写，雷雪峰编写项目8、项目10，贾晋编写项目5。全书由陈勇负责统稿，重庆市商务高级技工学校张华、谭洁分别承担审稿和校对工作。

本书主要供中等职业学校中餐烹饪专业师生使用，也可作为职工培训教材。

因水平有限，书中有错误之处在所难免，希望各位专家学者、广大同仁和读者批评指正。

编　者
2013年3月

目 录

中餐烹饪概述

任务1 烹调的起源与中餐烹调技术的发展

1.1.1 烹调的起源和意义

1）烹的起源

在原始社会，人们还不知道利用火，食物都是生吃的，打来的野兽也是被生吞活剥，连毛带血地食用。后来常因雷电引发森林火灾，当火熄灭之后，原始人轻松获得了一些被烧死的动物尸体来充饥，感觉比生肉鲜美，也容易咀嚼。《韩非子》载："有圣人作，钻燧取火，以化腥臊，而民说（悦）之，使王天下，号之曰燧人氏。"这说明"烹"起源于对火的利用。原始人从此以后认识到了火的重要性，并学会了运用火来烹（烤）制食物。钻木取火如图1.1所示。

图1.1　钻木取火

2）调的起源

人类最早何时开始食用盐，迄今尚无史籍记载和考古资料可以确切说明。但是，可以想象，如同火的使用一样，盐的发现和使用，同样经历了极其漫长的岁月。当古代先民处于"食草木之食，鸟兽之肉，饮其血，茹其毛"的蒙昧时代，尚不知何为咸味，亦不知盐为何物。后世人们在祭祀用的肉汤中不加盐，即所谓"大羹不致"以表示对古礼的遵循。《礼记·乐记》中也有记载："大飨之礼，尚玄酒而俎腥鱼。大羹不和，有遗味者矣。"这些记载，都可视为古代先民原本不知盐、不识盐的佐证。因此可以推论，古代先民确实曾经历过一个不知食用盐的漫长时期。

后来古代先民经过无数次随机地品尝海水、咸湖水、盐岩、盐土等，尝到了咸味的香美，并将自然生成的盐添加到食物中去，发现有些食物带有咸味比本味要香，经过尝试以后，就逐渐用盐作调味品了。原始人品尝"粗盐"如图1.2所示。

图1.2　原始人品尝"粗盐"

3）发明烹调的重大意义

恩格斯曾说："火的发明和使用，第一次使人支配了一种自然力，从而最终把人同动物分开。"熟食是人类发展的主要条件，而烹调的发明，则是人类进化的一个关键因素，是人类发展史上的里程碑。烹调的发明具有以下几个方面的意义：

①吃熟食物改变了人类茹毛饮血野蛮的原始生活方式。这是人类改造客观世界的一项成果。在摄食以维持生存这一主要生活方式上，使人类区别于动物，从而开始了人类文明的新时期。

②先烹后食又是人类饮食上的一次大飞跃。烹调可以杀菌消毒、改善滋味、减少消化的负担。熟食利于消化，使人体能从食物中汲取更多的营养，促进人类体质的增强，为人类的智力和体力的进一步发展创造了有利条件。

③发明烹调后，人类扩大了食物的来源，逐渐懂得了食用水产品。为了就近获得水产品，人类开始迁移到江河岸边居住，最终脱离了与野兽为伍的生活环境。

④人类开始吃熟食以后，吸收的营养全面，饱腹感和耐饥饿感增强，人类逐渐养成了定时饮食的习惯，从而有更多的时间从事其他生产活动。

⑤通过烹调食物，人类渐渐地知道使用饮食器皿，进而懂得了生活上的一些礼节，开始向文明社会过渡。

1.1.2　我国烹调技术的形成与发展

烹调是随着人类社会的出现而产生的，随着人类物质和精神文明的发展而不断丰富自身的内涵。炊具是烹调的生产工具之一，不同性质炊具的产生与变化，决定着不同的烹调方法和烹调技术的产生和发展，同时也意味着人类的发展与进化。从炊具发明与使用的历程来看，烹调技术发展大致经历了无炊具烹、石烹、陶烹、铜烹、铁烹等阶段和现代厨房用具鼎盛阶段。

1）无炊具烹阶段

在旧石器时期，人类处于无炊具状态，经历了40多万年用火直接制作熟食的历史。这一时期的食物主要由狩猎而来的动物构成，辅之以果品和植物种子。食物原料由完全不加工而整体投入火中烹制，到后期的粗放加工。这一阶段主要的烹调方法是烧、烤等。

2）石烹阶段

在几十万年的漫长岁月里，人类与自然界缓慢地进行着艰苦的斗争。虽然当时尚不能制造炊具，但是人类从长期无炊具烹的实践中积累了大量的经验，尤其是熟练掌握人工取火技术后，人类从固定的火堆烹制发展到可以随地生火烹制。当时的人们发现，在石头上比在泥土地上更利于火的燃烧。燃烧后石头变得非常烫，把细小原料放在发烫的石头上不仅能使原料成熟而且不会烤焦。于是，人们有意识地将薄石片支在火堆上方，把大原料改小，将其烫熟来吃，这可以从"石上翻谷"的记述中得到印证。

3）陶烹阶段

陶烹阶段距今一万一千年左右，一直延续至尧、舜时代，相当于整个新石器时期。随着生产力的发展，人类发明了制陶技术，制陶技术的发展是这一时期的特征。由于陶鼎、鬲的发明与使用，陶炊具如图1.3所示，人类开始将食物和水放在一起煮食，与以前的直接加热方法相比发生了质的变化，早期烹调技术便出现了。在伏羲氏与神农氏之间，"宿沙氏始煮海为盐"，发明了人工调味品，开始形成有烹有调的格局。陶甑的发明，实现了人类饮食由煮食向蒸食的过渡。这也是我国烹调技术发展的重要特征。与此同时，我国进入农业社会，所产谷物和蔬菜已经能满足人们的部分需要，狩猎效率也相对提高，当食物有所剩余，有些动物逐渐被驯化成家养动物后，畜牧业由此发展起来。渔猎有较大的发展，除用渔叉投刺外，更多的是用网围捕。由于陶鼎、鬲、甑等炊具的发明，这一时期的烹调方法得以拓展，出现了煮、炖、蒸等新的烹调方法。

 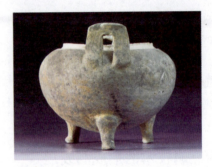

图1.3　陶炊具

4）铜烹阶段

铜烹阶段距今四千年左右，相当于夏、商、周三代（特别是商代）。随着冶金业的发展，人类发明了青铜，并得以大量使用，开始出现了铜制炊具。青铜鼎如图1.4所示。不仅有铜鼎、鬲、釜、甗等加热炊具，而且还有切刃锋利的刀具。农耕文明的进一步发展奠定了我国人民群众传统的膳食结构，为烹调技术的发展提供了物质条件。烹饪技术发展到了新的历史阶段。

图1.4　青铜鼎

当时已有"五谷""六谷""九谷""百谷"之说，反映了谷物生产的兴盛。蔬菜水果的种植也有较大的发展，人工种植蔬菜水果的品种也很多。有韭、芹、笋、藕、桃、李、杏、梅、柚、橘等。禽畜品种明显增多，除饲养禽畜外，还狩猎禽畜，以扩大食物来源。至殷周以后，食用水产品也越来越多，如鱼、鳖、螺、蛤等。咸味、甜味、酸味、苦味、辛辣、芳香味等调味品及动物脂肪已能制成。铜鼎的出现促进烹调的选料、刀工、配菜、调味、勾芡等技术均有不同程度的发展。烹调方法增多，烹饪品种也随之增多。

5）铁烹阶段

铁鼎始于春秋晚期，铁锅、铁釜始于西汉，距今大约两千年。我国烹饪技术已基本定型，这个时期是我国烹调技术的成熟期。铁锅带来了快速加热成熟的"炒"法，水熟、油熟、混合制熟的烹调方法逐步形成。铁刀的使用使加工越来越精细，烹调工艺日益完善。由于石磨的发明，可以加工出精细的面粉、米粉。到魏晋南北朝时期，面点得到了迅速发展，技法与花色品种都丰富起来，这个时期食品日趋精美。

6）现代厨房用具鼎盛阶段

现阶段烹调技术进入了崭新的阶段，各种现代化的餐厨用具和先进工艺的出现，使得烹调技术显著提高。我国烹饪出现了一个空前的百花齐放、异彩纷呈的大繁荣局面。主要表现为：

（1）餐厨用具现代化

因为厨房设施设备现代化水平高，冰柜、燃气灶、烤箱、微波炉、制冰机、消毒柜、自动洗碗机、不锈钢工作台等机械设备和清洁能源被广泛运用到烹饪行业中，所以，工作环境清洁了，污染减少了，劳动强度下降了，工作效率提高了。

（2）开发新食源

这一时期的烹饪原料又有新的发展和变化，除了充分利用现有的原料、增加产量、提高质量外，还继续引进新原料。

（3）注重营养配膳

现代烹饪除了原料种类不断增加外，膳食结构也有质的变化，更讲究膳食结构的合理和营养平衡，强调三低两高两平衡，即低糖、低盐、低脂肪，高蛋白质、高纤维，维生素和微量元素平衡。

（4）重视创造艺术

食雕、冷拼、围边和热菜装饰技术发展很快，从立意、命名到定型、敷色，都注重表现时代精神和民族风格。而且还努力运用美学原理，借鉴使用工艺美术的表现手法，赋予菜品新的情韵，提高菜品的艺术价值。同时，在餐具上也有很大的革新，流行使用新工艺瓷器，使美食、美器相辅相成。

（5）烹调工艺逐步规范化

特别重视研究菜品，把握好菜肴的每道工序、各种用料的比例等，并用菜谱或录像的方式记录下来。同时，各地方菜肴也制订了操作规范标准。

（6）积极进行宴席改革

从国宴开始，涉及各种礼宴、喜宴、家宴。总的趋向是"小"（规模与格局），"精"（菜点数量与质量），"全"（营养搭配），"特"（地方风味和民族特色），"雅"（陶冶情操）。

（7）相关法律法规、规章制度得以完善

《中华人民共和国食品安全法》和《餐饮服务食品安全操作规范》的出台引起人们对食品安全的高度重视。

任务2　中餐菜肴的特点及组成

1.2.1　中餐菜肴的特点

我国烹调技术经过长期的发展，融入了传统文化和各民族烹调技艺的精华形成了具有我国菜肴独特风味的特征。

1）选料讲究，用料广泛

选料是中餐厨师的首要技艺，是做好中餐菜肴的基础，这就要求厨师具备原料知识和鉴别原料的能力。我国古今厨师选料都非常讲究，力求原料鲜活，对原料产地、产季、部位等均有不同的要求。同时，中餐菜肴选料极其广泛，无论是天上飞的、地上跑的、水里游的、

土里长的都可以作为烹饪原料。

2）刀工精细，配料巧妙

刀工和配料是一项重要的技术。刀工是运用不同的刀法，将原料加工成大小、粗细、厚薄、花纹等符合烹调要求的形状。配料是巧妙地搭配主辅料，以保证烹饪时受热均匀，成熟度一致，有利于滋味调和、色形美观及营养搭配。

3）精于用火，锅工独到

中餐烹调善于运用火候，根据具体菜肴对火候不同要求，把火力分为旺火、中火、小火和微火4类。更善于根据菜肴不同口感的要求，巧妙地利用大翻、小翻、旋锅等翻锅技巧，使菜肴受热均匀，成熟一致。

4）注意调味，味型丰富

中餐菜肴在调味方面不仅重视原料的本味，还擅长运用调味品进行调和。不但要求使用调味品时恰当、适时，还要求根据风味、季节和原料质地进行调和，而且能巧妙地使用不同的调味方法，使菜肴的口味更加丰富。中餐菜肴味型众多，仅川渝菜的复合味型就有20多种，其他地方菜肴也有各自独特的味型。

5）烹技高超，方法多样

由于中餐炊具设备独树一帜，加之导热介质选用灵活，中餐烹调方法多种多样，如炸、熘、爆、炒、烹、炖、贴、烩、焖、煎、烧、汆、煮、蒸、烤、熏、涮、炝、拌、腌、卤、冻及专门用以制作甜菜的拔丝、挂霜、蜜汁等。

6）菜式典雅，花色繁多

烹调方法的多样化，使烹制的菜肴品种和花样繁多，"一料多法，一法多料"使菜肴形成酥、脆、柔、软、嫩、烂、滑、黏等不同质感，形态精美典雅、口味丰富、色泽诱人。

7）合理配膳，注意营养

中餐烹饪十分注重根据各种原料的营养成分、性能、特点，合理搭配，科学烹调。在保证菜肴的色、香、味、形的基础上，充分保留菜肴的营养，达到营养均衡的目的。

8）盛装器皿，选配适宜

中餐菜肴的盛装器皿具有品种多样、外形美观、做工精致、色泽鲜艳的特点。在盛装菜肴时，非常注重依据菜肴选配合适的盛器，衬托菜肴的色、香、味、形。

9）幅员辽阔，菜系众多

我国是幅员辽阔、历史悠久的多民族国家，由于民族信仰、风俗习惯、地理气候和物品产出的差异，各地区人民群众的饮食习惯和口味爱好有很大不同。因而形成多种多样、具有地方风味和特色的菜肴，以及与之相适应的烹调方法。

1.2.2 我国菜肴的组成

我国烹饪技艺始于炎黄夏商，发展于春秋，形成于唐宋，辉煌于当今。我国菜肴的流派形成，北宋时已初见端倪，那时便有南食、北食两大风味。经过元、明时期的沉淀积累，至清初，我国烹饪的四大流派便完全形成。北部亦称北派，包括黄河中下游以及黄河以北地区，以河南、山东、辽宁为代表，口味偏咸；东南部亦称东南派，包括江淮一带地区，以江苏、浙江为代表，口味偏甜；西南部亦称西南派，包括川、黔一带，以四川为代表，口味喜辛；南部亦称南派，包括两广一带，以广东为代表，选料广泛口味清淡。到清朝末期，鲁菜、苏菜、川菜、粤菜、湘菜、闽菜、徽菜已成为我国最具影响的地方菜系。各地方菜系的形成既丰富了我国烹饪的内容，促进了我国烹饪的全面发展，也使得我国烹饪千变万化、五彩缤纷，呈现出百花争艳的盛况。各地方菜系的形成，是我国这样一个幅员辽阔、物产丰富、风俗各异的多民族国家烹饪技艺交流发展的必然结果。各地方菜系也造就了我国丰富多彩的饮食文化。

任务3　中餐烹调的主要工具

烹调用具的种类较多，因各地区使用习惯的不同，品种形态也有较大的变化，称呼也各不相同，但使用方法基本相同，其基本功训练方法也基本相同。

烹调的主要工具及运用

1）铁锅（别称镬子、炒勺、炒瓢等）

铁锅按材质可分为生铁锅和熟铁锅两种，按形状可分为单柄式铁锅和双耳式铁锅两种。目前餐饮行业使用较多的是熟铁单柄式铁锅和熟铁双耳式铁锅。单柄式铁锅在菜肴原料翻锅时可前翻、后翻、拉翻、侧翻等，使用比较灵活；双耳式铁锅多用于前翻、拉翻和侧翻等，容积比单柄式铁锅大。铁锅如图1.5所示。

A.熟铁单柄式铁锅　　　　　　　　B.熟铁双耳式铁锅

图1.5　铁锅

2）手勺

手勺是搅拌锅中菜肴，添加调味品及将烹制好的菜肴装盘的工具。从材质上分为不锈钢和铁质两种，勺头的形状有圆形和椭圆形两种，直径为9～12厘米，有一长柄，柄端可装木柄。现在还出现了带有测温装置的手勺，使用时能测定油温和水温。手勺如图1.6所示。

图1.6　手勺

3）锅铲

锅铲是烹制煎、贴类菜肴时使用的翻动原料的工具，有铜制、铁制、不锈钢制和竹木制等多种，形状各异，但用途相同。锅铲如图1.7所示。

中餐烹饪基础

图1.7 锅铲

4）漏勺

漏勺是从油或水等液体中捞取原料的工具。漏勺的形状有圆形和椭圆形，漏勺的材质有铁制和不锈钢制两种，勺头直径一般为13～28厘米。漏勺的形状与手勺相似，只是在勺头上有很多均匀的小孔，目的是在捞取原料时，油或水能从小孔中迅速滤去。漏勺如图1.8所示。

图1.8 漏勺

5）笊篱

笊篱的用途与漏勺相同，用铁丝、篾丝或不锈钢丝编制而成。现在普遍使用的是用不锈钢制成的笊篱。铁丝和不锈钢笊篱多用于从油或汤里捞取原料，而篾丝笊篱则用于捞取面食。笊篱如图1.9所示。

A.铁丝笊篱　　　　　B.篾丝笊篱　　　　　C.不锈钢笊篱
图1.9 笊篱

6）网筛

网筛是过滤汤汁、油料或调味品中微小残渣的工具，是采用很细的铜丝或不锈钢丝制成

8

的稠密圆形带柄的网状筛子。网筛如图1.10所示。

图1.10 网筛

7）铁叉（钩）

铁叉是从汤或油锅中捞取整只或大块原料的工具，一端带有手柄，另一端是带钩的叉头，用于防止原料脱落。铁叉如图1.11所示。

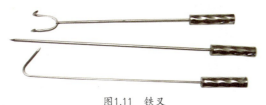

图1.11 铁叉

8）铁筷子

铁筷子是用于在锅中划散细小原料的工具，在不适宜用手勺滑拌时使用。其形状是一尺多长的铁条，作用与普通筷子相同。铁筷子如图1.12所示。

图1.12 铁筷子

9）蒸笼（笼屉）

蒸笼是蒸制菜肴的工具。一般圆形的称为笼，方形的称为屉，可以多层叠放在一起。有木制、竹制、铝制、铁制和不锈钢制等，大小视用途而定。蒸笼置沸水锅或蒸汽口上，顶层是笼盖，通过蒸汽加热使原料成熟。笼盖有平顶和圆锥形顶两种，圆锥形顶盖可使水蒸气从四周流下，不会滴在菜肴上而破坏口味和造型。蒸笼如图1.13所示。

10）竹箅

竹箅也称"锅箅"，是用竹篾条编制而成，箅上分布有均匀的6个孔眼，外沿有圆形和六边形两种。主要用途是扒制成形菜肴和涨发一些易散碎的原料，起固定原料形状的作用。例如，粤菜制作中，发制鱼翅常用竹箅。用水走红时，为防止富含胶质的原料粘锅，竹箅可以隔离原料与锅底。同时，竹箅也是传统豫菜烹调方法中"扒"制菜肴的必备用具。

中餐烹饪基础

图1.13　蒸笼

思考题

1. 简述中餐菜肴的特点。
2. 烹调发明的重大意义有哪些?

项目 **2**

烹饪基本功训练

【教学目标】

知识目标：了解烹饪基本功操作要求，掌握翻锅的方法和装盘的方法。

能力目标：能灵活运用翻锅装盘的技巧。

情感目标：培养学生动手能力，热爱烹饪工作。

【内容提要】

1.烹饪工作人员的操作及基本功训练要求。

2.翻锅、装盘的目的和意义。

3.翻锅的基本方法。

4.热菜装盘的技法。

任务1 烹饪基本功操作要求

2.1.1 烹饪操作的一般要求

烹饪是一项劳动强度较大的技术工作，且在高温环境下操作，有些工具比较笨重不方便操作。为了更好地适应这一环境，烹饪工作者就应当具备较强的身体和心理素质，努力做到以下几点：

①加强身体锻炼，增强体力和耐力，尤其是增强左手的握力。

②操作姿势正确自然，行动距离力求最短，以减轻疲劳，提高工作效率。

③熟悉各种工具正确的使用方法，并能灵活应用。

④在操作时，必须精力集中，动作敏捷，注意安全。

⑤在使用调味品时准确、适量，并经常保持灶面整洁，注意保持烹调区域清洁卫生。

2.1.2 烹饪基本功训练

烹饪操作是一项复杂而细致且技术性很强的工作。烹饪工作者只有切实练好基本功，才能烹制出质量稳定，色、香、味、形都符合要求的菜肴。所谓烹饪基本功，就是在烹制菜肴的各个环节中必须掌握的技艺和方法。烹饪基本功主要有以下8项：

①投料及时准确。

②挂糊上浆适度、均匀。

③正确识别油温。

④灵活掌握火候。

⑤勾芡恰当。

⑥翻锅自如。

⑦出锅及时。

⑧装盘熟练、灵活、美观。

任务2 翻锅的基本要求和炒锅的选择与保养

2.2.1 翻锅的基本要求

①平时坚持锻炼身体，尤其注意锻炼持臂力、腕力和手的握力，坚持不懈地进行基本功训练。

②操作时要保持规范的站姿，熟练掌握各种翻锅的技能、手勺的握法。

③精神要集中，脑、眼、手协调一致，动作熟练。

④根据烹制菜肴的需要，灵活使用适宜的翻锅方式，把握翻锅的时机和力度。

⑤训练过程中要养成文明生产和规范操作的良好习惯。

2.2.2 炒锅的选择与保养

1) 炒锅选择的注意事项

①炒锅的外形是否规则圆滑。

②炒锅的手柄是否牢固、舒适。

③炒锅底是否有小孔或裂纹，必须确保炒锅完好无损。

④炒锅的重量是否适中。

2) 炒锅的使用与保养

炒锅大多由熟铁制成，容易生锈，每次使用完毕后都要清洗干净，如果有油污还要用洗洁精清洗，然后用干抹布将锅内的水擦干，并将锅立放在灶台上。炒锅如图2.1所示。

图2.1 炒锅

3）执锅方法

左手执锅，右手执勺或铲。操作时，手腕要灵活有力，手不可握得太松或太紧。单柄锅炒菜时用手掌握住锅柄，拇指放在上面，其余4指握在下面。用双耳锅烹调时，先将一块方巾折叠置于左手掌中，防止操作时铁锅烫手，拇指隔着方巾扣在锅耳上，其余4指隔着方巾托住锅耳下锅边缘，用手的虎口卡紧锅耳边缘。执锅方法如图2.2所示。

A.　　　　　　　　　　　　　　　B.

图2.2　执锅方法

任务3　翻锅的种类及方法

翻锅是烹饪操作中最基本、最重要的技术。翻锅技术要求较高，必须反复训练以掌握正确的姿势。翻锅方法主要有：小翻、大翻、旋锅翻锅法、三大勺翻锅法、手勺结合翻锅法、悬空翻锅法。

2.3.1　翻锅种类

1）小翻

小翻又称"颠"，即将锅连续向上颠动，目的是使原料松动移位，使受热汤汁均匀地包裹住原料，避免粘锅或烧焦。颠锅时，原料一般不超出锅口。具体操作是左手端锅，悬空于火口上方20厘米处。

①左手用力将锅在空中短距离来回推拉。

②原料在惯性的作用下与锅底瞬间分离，使原料分散并均匀受热。小翻如图2.3所示。

A.　　　　　　　　　　　　　　　B.

图2.3　小翻

2）大翻

①大翻，即将锅内原料一次性全部翻身，左手端锅，悬空于炉灶上。用小翻或转锅的方式使原料与锅分离，左手端锅置于身体左肋骨处，将锅迅速用力向前方送扬出去。

②原料在惯性作用下被抛离炒锅并在空中180°翻转，用锅接住翻转后的原料，把手收回完成一次大翻。大翻如图2.4所示。

A.
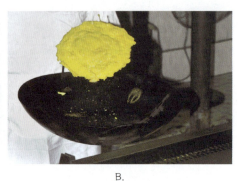
B.

图2.4 大翻

3）旋锅翻锅法

旋锅翻锅法是左手端锅沿顺时针方向旋转，原料也跟着在锅内缓慢旋转的翻锅方式。旋锅翻锅法如图2.5所示。

图2.5 旋锅翻锅法

4）三大勺翻锅法

三大勺翻锅法是将锅置于炉灶上，以双耳、锅底一线为中心，将锅内分为左、中、右3个部分。三大勺翻锅法如图2.6所示。

①右手持勺，将左边的原料向身边勾回。如图2.6A所示。

②将右边部分的原料勾回与左边的原料汇于中心。如图2.6B所示。

③用手勺背将原料推出，完成一次三大勺翻锅。如图2.6C和图2.6D所示。

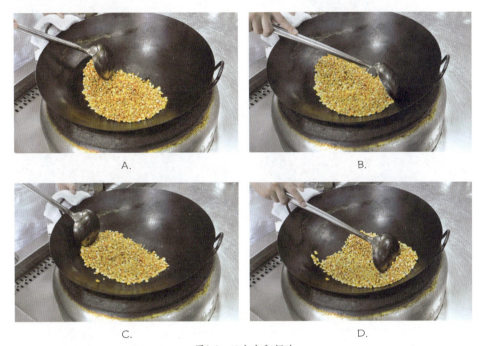

图2.6 三大勺翻锅法

5）手勺结合翻锅法

手勺结合翻锅法是常用的方法。在翻锅时，需左右手相结合，动作协调一致，因此难度较大。手勺结合翻锅法的优势在于省力、原料翻动彻底、原料受热均匀。此翻锅法要求动作连贯、流畅、力度适中。手勺结合翻锅法如图2.7所示。

①左手握住锅的一端，均匀地在炉灶上拉推炒锅。

②将锅放在灶口上，右手握勺，从近身端推到前面，把握好力度，不能将原料推出炒锅。

③左右手结合，重复图2.6 A和图2.6 B的动作。

④在熟练掌握图2.6 C的动作后，左手在拉的要结束时向下轻轻压，使原料上扬。右手辅助上翻，即手勺结合翻锅法。

图2.7　手勺结合翻锅法

6）悬空翻锅法

　　悬空翻锅法是左手端锅并悬空顺时针旋转锅，同时右手用勺搅动原料的方法。悬空翻锅法如图2.8所示。

图2.8 悬空翻锅法

2.3.2 翻锅的注意事项

①锅内壁保持光滑、干净。正式烹饪时，应先将锅烧热，再用油炙锅至光亮。

②力度适中，既要防止将菜肴翻出锅，又要防止力度过小使原料在锅内翻转不彻底，造成受热不均，影响菜肴成菜效果。

③原料在锅内翻转的时间要恰到好处。

④在翻锅时，左右手要协调一致，动作流畅。

⑤在翻锅过程中不能用手勺敲锅。

任务4 装盘

2.4.1 装盘的基本要求

装盘是将烹制成熟的菜肴装入盛器中，是整个菜肴制作的最后一道工艺，也是烹饪操作基本功之一。因为装盘不仅关系到菜肴的形态美观，对菜肴的清洁卫生也有很大的影响，所以必须重视装盘。装盘必须符合下列几项基本要求：

1）注意清洁，讲究卫生

菜肴经过烹制，已进行了消毒杀菌。如果装盘时不注意清洁卫生，使细菌或杂质沾染到菜肴里，会对菜肴造成二次污染。为此，应当做到以下几点：

①菜肴必须装在干净的、已消毒的盛器内。

②手指不可直接接触成熟的菜肴。

③在装盘时，手勺不能敲锅，锅底不可靠近菜肴，用干净的抹布擦拭盛器边缘。

2）形态美观，主料突出

单一原料的菜肴应该装得饱满。主料、辅料相结合的菜肴，则应突出主料，辅料对主料起衬托作用。

3）菜肴色和形的美观

装盘时，还应当注意整个菜肴色彩和形态的和谐美观，运用装盘技术把原料在盘中排列成适当的形状，同时注意主料、辅料的搭配，使菜肴在盘中色彩鲜艳，形态美观。

4）菜肴的分装必须均匀，并一次完成

如果几份相同的菜肴一锅烹制，装盘时必须平均分装，并且应一次分装均匀，避免因多次分装破坏菜肴的形态，影响成菜美观。

2.4.2 热菜装盘的原则

菜肴烹制完毕后，都要用盛器盛装才能上席。不同的盛器会对菜肴产生不同的效果。一道精致的菜肴需要用适宜的盛器，这样可以把菜肴衬托得更加美观，从而增加菜肴的吸引力。因此，应当重视盛器与菜肴的搭配，其一般搭配原则是：

1）盛器的大小应与菜肴的分量相适应

量多的菜肴应该用较大的盛器，量少的菜肴应该用较小的盛器。如果把量多的菜肴装在小盘小碗内，菜肴在盛器中堆砌得很满，甚至使汤汁溢出盛器外，不仅影响美观，还影响清洁卫生；如果把量少的菜肴装在大的盛器内，菜肴只占盛器的很少位置，就显得分量不足。因此，盛器的大小应与菜肴的分量相适应。一般来说，装盘时菜肴不能超过盛器的内沿线，应装在盛器的中心圈内；装盘时汤汁不能浸到碗沿，应占碗的容积的80%～90%。

2）盛器的形状应与菜肴的形状相配合

盛器的形状很多，各有各的用途，必须恰当搭配使用。如果搭配使用不当，不仅有损美观，而且使用也不方便。例如，一般炒菜、冷菜宜用圆盘或条盘，整条鱼宜用条盘，烩菜及一些汤汁较多的菜肴宜用汤盘，汤菜宜用汤钵，砂锅菜、火锅菜应原锅上席。

3）盛器的色彩应与菜肴的色彩互相协调

盛器的色彩如果与菜肴的色彩搭配得当，就能把菜肴的色彩衬托得更加美观。一般情况下，洁白的盛器对大多数菜肴都是适用的。但是有些菜肴如果用带有图案或花边的盛器来盛装，可进一步衬托出菜肴的特色。例如，滑熘鱼片、芙蓉鸡片、炒虾仁等装在白色的盘中，色彩就显得单调，装在带有淡绿色、蓝色或淡色花边的盘中，就显得赏心悦目。

2.4.3 热菜装盘的基本技法

热菜的品种很多，装盘的方法也各不相同，通常有以下几种：

1）炸、熘、爆、炒菜的装盘法

炸、熘、爆、炒菜的装盘要求大致相同。一般应做到：菜肴在盘中应与盘的形状相适应，圆盘装成圆形，条盘装成椭圆形，菜肴不可装到盘边；如果两味菜肴同装一盘，应力求分量平衡、界限分明，不能此多彼少，更不能混在一起；如果一味菜肴有卤汁，另一味菜肴无卤汁或卤汁很少，应先装有卤汁的菜肴，再装无卤汁或卤汁很少的菜肴。

（1）炸菜的装盘方法

炸菜无芡无汁，块与块分开。装盘时，先将菜肴倒（或捞）在漏勺中，沥干油，然后装入盘中。

（2）熘、爆、炒菜的装盘法

熘、爆、炒菜的装盘法见表2.1。

表2.1 熘、爆、炒菜的装盘法

名　称	方　法
一次倒入法	适用于单一料或主配料无显著差别、质嫩易碎及勾芡的菜肴。装盘前应先大翻锅，将菜肴全部翻身；倒入菜肴时速度要快，锅不易离盘太高，将锅迅速地向左移动，使菜肴不翻身，均匀摊入盘中
分主次倒入法	适用于主料配料形状差异显著、芡汁较多的菜肴。装盘前先将主料较多或主料成形较好的一部分菜肴用手勺盛起，再将锅中余菜倒入盘中，最后将手勺中的菜肴铺在上面
翻盖法	适用于汤汁较少的爆菜肴。装盘前先几次翻锅，使锅中菜肴堆聚在一起，在最后一次翻锅时，用手勺趁势将一部分菜肴接入勺中，装入盘内，再将锅中余菜全部盛入勺中，覆盖盘中。覆盖时，可将手勺略向下轻轻地按一按，使其圆润饱满，因为这些菜肴汤汁稠而黏性大，不宜用倒的方法
左右交叉轮拉法	适用于形态较小、不勾芡或勾薄芡的菜肴。装盘前应先颠翻几次锅，使形状大的或主料翻在上层，形状小的或配料翻在下层，然后用手勺将菜肴拉入盘中。拉时应左边拉一勺，右边拉一勺，交叉轮拉，使形状小的或配料垫底，形状大的或主料盖面

2）烧、炖、焖、蒸菜的装盘法

烧、炖、焖、蒸菜大都用大型或整只的原料烹制而成，装盘方法大致相同。烧、炖、焖、蒸菜的装盘法见表2.2。

表2.2 烧、炖、焖、蒸菜的装盘法

名　称	方　法
拖入法	适用于整只原料（特别是整鱼）烹制的菜肴。装盘时，先将锅作小幅度颠锅，并趁势用筷子将鱼头部位的脊骨微夹起，然后将盘子从鱼头与锅间空隙插入，用筷子将鱼拖进盘内，浇上汤汁即成
盛入法	适用于不易散碎的块形菜肴。装盘时，用手勺先将小的、形状差的块盛入盘中，再将大的、形状好的块放在上面。勺边不要戳破菜肴，勺底沾有汤汁应在锅沿上刮一下，以免汤汁滴在盘边，影响美观
扣入法	适用于先在碗中将主配料排列图案，或排列得整齐的菜肴。装盘前，先将原料逐块（片）紧密地排列在碗中，将原料正面向着碗底，以排平碗为宜，要求整齐协调。排好后上笼蒸熟取出，把空盘反盖在碗上，然后迅速将盘碗一起翻转过来，把碗拿掉即成
倒入法	适用于在锅中排列成整齐的平面或图案，装盘后仍不改变其排列形状的菜肴。装盘前，先从锅边的四周加油，并将锅颠几下，使得油浸入菜肴下面，然后将锅倾斜，把菜肴溜到盘中。倒入盘中时，锅不宜离盘太高，一边倒，一边将锅迅速向左移动，这样才能使排列好的菜肴形状保持不变

3）烩菜的装盘法

烩菜装盘时，羹汤一般应占盛器容积的90%左右。若菜肴需要主料浮在上面，装盘时，应先将主料盛在勺中，再将其余部分装入盛器中，然后将手勺中的主料倒在上面。

4）汤菜的装盘法

汤菜装盘时，一般以盛至盛器边沿1/3上下处为宜。整只原料盛盘时（如鸡、鸭）应将肚腹朝下；对于讲究形态完整美观的汤菜（如攒丝杂烩、菊花豆腐等）应先将菜肴放入盛器，再将汤沿盛器边缓缓倒入，以免破坏菜肴形状，且避免汤汁飞溅出盛器外。

此外，其他烹制法烹制的整只或大块菜肴装盘时，必须讲究装盘形式。如整鸡、整鸭装盘时，应腹部朝下，背部朝上，头和颈应紧贴身边；又如整鱼应装在盘的中间，腹部有刀口的一面朝下；如果一盘装两条鱼，应选择大小一致、长短相近的鱼，使两条鱼腹部相对，也可相向或相背并紧靠在一起。装盘后汤汁从头向尾浇均匀，这样才能使菜肴外形美观。

思考题

1. 烹饪操作的一般要求有哪些？
2. 烹饪基本功训练的内容有哪几个方面？
3. 装盘的基本要求体现在哪几个方面？
4. 简述热菜装盘的原则。

刀工与原料成形

【教学目标】

知识目标：了解刀工的作用与要求、刀具的种类及用途。

能力目标：掌握磨刀技术、基本刀法与刀工操作技术、原料的成形。

情感目标：使学生养成规范操作的良好习惯，注重操作安全，热爱烹饪专业，提高学习兴趣。

【内容提要】

1. 刀工的作用与要求。

2. 磨刀技术。

3. 刀具的种类与菜墩。

4. 基本刀法。

5. 常见的原料成形。

任务1 刀工的作用与要求

刀工又叫刀工技术，是烹调技术中的重要组成部分。凡是将经过整理后的动植物类原料，根据菜肴要求，运用不同的刀法，加工成丝、片、段、块等形状的操作技术，就称刀工，也称为刀工技术。刀工是每名烹饪工作人员必须熟练掌握的基本功，能否善于运用刀工使菜肴美观大方，反映了一名烹饪工作人员的技术水平的高低。

3.1.1 刀工的作用

1）便于烹调

菜肴的烹调方法较多，不同的烹调方法需要不同的火候。例如，炒是用旺火热油、急火快炒的一种烹调方法，这就必须把原料加工成较小、较细、较薄的丝、丁、片，才能适应炒的需要。如果原料不进行刀工处理，就不利于烹调。

2）便于入味

整只或大块、较厚的原料、调味品不易透入原料内部，不易入味。因此，必须将原料进行刀工处理，改小、改细，或片断筋络，或片成薄片，或切成条块，或剞上刀纹等，才能使调味品迅速渗入原料内部，使菜肴味美适口。

3）便于食用

整只或整块、较厚的原料是不便食用的，如猪蹄，连肉带骨，食用不方便，必须进行刀工处理，改成小块状，既利于烹调，又方便食用。

4）整齐美观

烹饪原料通过刀工处理，改成多种形状，再经过烹调，使菜肴更加美观大方，有些菜肴就是优美的艺术品，能增进食欲。

3.1.2　刀工处理的基本要求

1）必须清爽利落，整齐均匀

经过刀工处理的原料，不论是改成丝、丁、片、块、条或其他形状，都应当整齐划一，利落清爽。既要粗细一致、薄厚均匀、长短相等，又要条与条、块与块、片与片之间都截然分开。如果有不均匀或连刀现象，不仅影响菜肴的美观，还影响原料入味和成熟度。

2）必须合理掌握原料性能

在刀工处理时，要根据各种原料的质地，采用不同的方法，切成不同的形状。同样是切的方法，如果是脆性的植物类原料可用直刀跳切，如果是韧性的动物类原料，采用推刀或推拉刀的方法较合适。由于原料的质地不同，在刀工处理时，所对应的原料纹路也不同，同是肉丝，牛肉丝老筋多，必须横着肌肉纤维的纹路切，把筋腱切断，炒熟后就不易老。猪肉较嫩，肉中筋少，可斜着肌肉纤维的纹路切。鸡肉最嫩，必须顺着肌肉纤维的纹路切才可以保持肉丝完整。因此，只有按原料质地选择合适的刀法，才能达到烹调的要求。

3）必须配合烹调的要求

刀工处理要与烹调密切结合，适应各种烹调方法的特点。由于菜肴有各种不同的烹调方法，因此就有不同的刀工处理方法与火候的要求。例如，炖、焖、熬等方法，所用火力小、时间长、带有汤汁，原料的形状应厚大一些，如果过分薄细，就容易碎烂或成糊状，汆、熘、爆等方法使用的火力大，烹制时间短，原料的形状应薄细小，如果过于厚大，就不易熟透。因此，烹调各种菜肴，刀工是决定其质量优劣的关键。

4）必须注意同一菜肴中主料、辅料形状的搭配

大多数菜肴都是由主料和辅料组合而成的。一般是辅料的形状服从于主料的形状，是否把主料衬托得更为突出，主辅料形状是否搭配恰当，体现出菜肴色和形的美观，都需要适当的刀工处理。

5）必须合理使用原料，做到物尽其用

合理使用原料是整个烹调过程中的一个重要原则。在刀工处理时，应做到用料有计划，量材使用，大材大用小材小用。特别是大料改小料时要做到心中有数，使其样样都能得到充分利用，不浪费原料。

6）符合卫生要求，力求保持营养

操作时，放在菜墩或案板上的原料要有条不紊，刀要放置在固定的位置，要经常检查菜墩与其他工具的清洁和环境卫生。加工生料与熟料的各种刀具、设备要分别放置，绝不能混用。刀工处理时应根据原料质地先洗后切，避免营养流失。

3.1.3　刀工的基本操作要领

1）运刀的姿势要正确

操作时，两脚自然分开站稳，上身略向前倾，前胸稍挺，精神集中，目光注视菜墩和原料被切部位，身体与菜墩保持一拳的距离，切割枕器的放置高度以操作方便为准。

2）握刀的姿势要正确，双手要协调配合

一般都以右手握刀，拇指与食指捉住刀身，全手握住刀柄，握刀时手腕要灵活有力。切菜时一般用右手腕和小臂的力量运刀，左手控制原料，随刀的起落均匀地向后移动。

3）操作时注意力要集中

在操作时，目光要集中在切的原料，不要看切好的原料。刀的起落高度，一般不能超过手指的中节，持料要稳，落刀要准，双手配合紧密而有节奏。

任务2　磨刀技术

为了提高切割效率和菜肴成形质量，必须使用刀口锋利的刀具。"工欲善其事，必先利其器""磨刀不误砍柴工"等都表明磨刀的重要性。只有保持刀口锋利，不锈、无缺口、不变形且能与菜墩吻合，才不会影响刀工的效果。

3.2.1　磨刀的工具

磨刀的主要工具是磨刀石（又称磨石）。磨刀石呈长条形，规格大小不等。主要功能是通过刀在磨刀石上的反复摩擦，使刀刃锋利，以适应加工原料的需要。

磨刀石有天然雕琢的磨刀石和人工合成的磨刀石两大类。磨刀石的种类、特点和适用范围见表3.1。

表3.1　磨刀石的种类、特点和适用范围

磨刀石的种类	特点和适用范围
天然磨石	天然磨刀石是采集天然黄沙石料，雕琢呈长方形，一般长约40厘米，高15厘米，宽12厘米。天然磨刀石又可分为两种，一种是粗磨刀石，主要成分是黄沙，颗粒较粗，质地较硬，摩擦力大，多用于磨制新刀，开刃或有缺口的刀。另一种是细磨刀石，主要成分是青沙，颗粒细腻，质地细软，硬度适中。刀具经粗磨刀石磨制以后，再转用细磨刀石磨制，适于磨快刀刃
人工磨石	人工磨刀石采用金刚砂人工合成，质地软中带硬，也有粗细之分，种类、型号、尺寸不等。通常使用的磨刀石，一般以选用宽约5厘米，长约20厘米，高3厘米的粗、细磨刀石为好，这种磨刀石体积较小，使用方便

3.2.2 磨刀的姿势

磨刀时，要求两脚分开或一前一后站稳，胸部略向前倾，收腹，重心前移，一手持刀柄，一手持刀身，目视刀锋。

3.2.3 磨刀的方法

为了提高切割效率，使刀刃保持锋利的状态，就必须经常磨刀。选择合适的磨刀石并使用正确的磨刀方法，才能磨出锋利的刀。正确的磨刀方法如下：

首先，将磨刀石固定在架子上，架子高度根据身高调整，以操作方便为佳。左手握住刀尖部位，右手握住刀柄，双手持刀平衡，刀与磨刀石保持3°～5°的夹角。

然后，向前推至磨刀石的尽头，再向后拉，向前推是磨刀膛，向后拉是磨刀口。推拉过程中需要用力均匀平衡，刀面与磨刀石始终保持3°～5°的夹角。当磨刀石表面起砂浆时，需淋水冲走砂浆再继续磨刀。磨刀如图3.1所示。

A.   B.

图3.1 磨刀

刀刃的前、中、后各部位必须均匀地磨到位，磨完刀的一面，再换手持刀，磨另一面，刀的两面磨的次数要基本相等，才能保证磨好的刀口平直锋利。需要注意的是，刀不能干磨，或在砂轮上打磨，以免损坏刀刃的刚性。

3.2.4 刀刃的检验

检验刀磨得是否合格，将刀刃朝上，两眼直视刀刃，如果刀刃上看不见白色光泽，就表明刀已经磨锋利了，如果有白痕或一条反光的白色细线，则是刀刃的不锋利之处，须再次磨刀。可用手指轻轻刮刀刃，有涩手的感觉，则表明刀刃锋利；否则，表明刀刃还不锋利，需重新再磨。

任务3 刀具的种类与菜墩

3.3.1 刀具的种类及用途

烹饪行业所使用的刀具种类繁多，外形也不一样，体积也不尽相同，其用途更是同中有异。掌握刀的种类和用途，是刀工技术中很重要的基础知识。由于菜肴品种繁多，原料质地也不相同，只有掌握各种刀具的性能和用途，结合原料的质地，选择相适应的刀具，才能保证原料成形后的规格和质量。

常用刀具按照功能大致可以分为片刀、切刀、砍刀、前切后砍刀（又称文武刀）、专用刀具等。刀具的种类、特点和适用范围见表3.2。

表3.2 刀具的种类、特点和适用范围

刀具的种类	特点和适用范围
片 刀	特点是：重量较轻，500～750克，刀身较窄，刀叶较长，体薄而轻，刀口锋利，使用灵活方便。主要用于无骨的动、植物类原料制片，也可切丝、丁、条、块等
切 刀	特点是：形状与片刀相似，比片刀略重、略宽、略厚，刀口锋利，结实耐用。其用途很广，最宜于切丝、丁、片、条、块、粒、颗等，也可用于加工略带小骨或脆骨及质地稍硬的原料
砍 刀	特点是：刀身厚、重，宜于砍、斩带骨或质地坚硬的原料
前切后斩刀（文武刀）	特点是：刀身比切刀略重，但大小及形状与一般切刀相同。刀身的根部比切刀略厚，前半部分薄而锋利，后半部分厚而钝，近似砍刀。其用途在于既能切又能砍，前半部分用来切丝、丁、片、块等，后半部分可用来斩鸡、鸭、排骨等。由于它具有多种作用，因此称为文武刀

除上述刀具外，还有一些专用工具刀，如烤鸭片刀、刮刀、镊子刀、牛角刀、剪刀、刨刀、烤肉刀等。

3.3.2 刀具的选择

1）看

通过观察，看刀的外观是否符合特定刀的规格、特点和要求，刀刃、刀背直而不扭曲，刀具的两个面平整光洁、无锻压凹痕。刀柄平直、牢固，刀箍不松动为佳。

2）听

用手指对着刀身用力一弹，声音呈钢响者为佳，刀刃的前、中、后三点的声音要一致，余音越长越好。

3）试

用手握住刀柄，看是否适手、方便，以自我感觉好为准。

3.3.3 刀具的保养

刀具的保养是延长刀具使用寿命、确保刀工质量的重要手段。要使刀具经常保持锋利、不钝、不锈，就必须对刀具进行保养，保养时应做到以下几点：

①根据刀的形状和功能特点，正确运用磨刀方法，保持刀的锋利和光亮，保证刀刃有一定的弧度。

②操作时，要爱护刀刃，不同种类刀具要使用得当，如片刀不宜斩、砍，切刀不宜砍大骨。运刀时以能断开原料为佳，合理使用刀刃的各个部位，落刀如果遇到阻力，应及时检查

有无硬物，否则易伤刀刃。

③刀用完后必须用清水洗净刀身，再用干净的布擦干刀身两面的水，特别是在切带咸味的或带有酸性和腥味等原料之后，如泡菜、咸菜、鱼等，黏附在刀两侧的鞣酸、无机盐、碱等物质容易氧化而使刀面发黑，而且盐渍对刀具有腐蚀性，故刀用完后必须用清水冲洗干净，擦干水。

④刀具使用完毕之后，要挂在刀架上，或放入刀盒内，不要随手乱丢、碰撞硬物，以免损伤刀口。严禁将刀砍在菜墩上。

3.3.4 菜墩的选择、使用和保养

菜墩，又称墩子、砧板、菜板，是加工烹饪原料时的衬垫工具，对刀工起着重要的辅助作用。刀工与菜墩有着密切的关系，菜墩质地的优劣，关系着刀工技术能否正常地发挥。因此，刀工对菜墩有一定的要求，如墩面要平整，质地不宜太软。

1）菜墩的选择

菜墩的材质多种多样，有塑料、合成纤维、竹质、木质等多种材料，不同材质的菜墩特点各不相同。塑料材质的菜墩相对比较容易清洗，但在加工时塑料容易进入原料，从而进入人体，对人体健康有危害，又因塑料材质相对较硬，对于锋利的刀口会产生一定的损坏，故行业中使用较少；合成纤维是一种新型材质，其特点与塑料相似；竹质菜墩是将竹子经过加工后压紧制作而成的，其形状既可以是方的也可以是圆的，可以根据需要选择大小，材质没有塑料的危害大，但仍因材质较硬而易损伤刀口；木质菜墩一般都选择皂角树、白果树、油患子树、橄榄树、柳树、榆树、山樱桃树等制作，其中以皂角树、白果树、油患子树为上品。菜墩下料时应横锯制而成，菜墩的尺寸以高25～30厘米，直径40～60厘米为宜。菜墩应以木料质地坚实、木纹细腻、密度适中、弹性好、表面平整、无裂品、无烂心、呈青黄色、树皮完整、不损刀刃为佳。

2）菜墩的使用与保养

使用菜墩时，应在菜墩的整个平面均匀使用，保持菜墩磨损均衡，防止菜墩凹凸不平，因为墩面凹凸不平，切割时原料不易被切断，墩面也不可留有油污，如留有油污，在加工原料时容易滑动，既不好掌握刀距，又易伤害自身，同时也影响卫生。

新购买的菜墩最好放在浓盐水中浸泡数小时，或用热油浇淋在菜墩表面，也可用盐涂在表面，再淋一点水，使木质收缩，组织细密，以免菜墩干裂变形，达到结实耐用的目的。菜墩使用之后，要用清水或碱水涮洗，刮净油污，保持清洁。然后要竖立放于通风处，防止墩面发霉。每隔一段时间后，还要用水浸泡数小时，使菜墩保持一定的湿度，以防干裂。菜墩使用一段时间后，若发现墩面凹凸不平，要及时修正刨平，以保持墩面平整。

任务4 基本刀法

刀法是指将烹饪原料加工成一定形状时所采用的各种不同的运刀方法。它是我国历代厨师在长期的实践中不断探索积累而形成的。随着烹调技术的不断发展，刀法也将不断改进。烹调加工中刀法的种类很多，各地在叫法和操作要求上有一定差异。为了比较全面地归纳所

使用的众多刀法，可主要根据刀面与菜墩操作面的夹角（取值范围为 0°～90°），将其划分为直刀法、平刀法、斜刀法、剞刀法和其他刀法5类。刀法分类见表3.3。

表3.3　刀法分类

直刀法		平刀法	斜刀法	剞刀法	其他刀法
1.切		1.平刀片	1.斜刀正片	1.直刀剞	1.剔
（1）直刀切（跳切）		2.平刀推片	2.斜刀反片	2.推刀剞	2.剖
（2）推切		3.平刀拉片		3.斜刀剞	3.起
（3）拉刀切（拖刀切）		4.平刀推拉片		4.反刀剞	4.刮
（4）推拉切（锯切）					5.戳
（5）铡切	①交替铡切 ②平压铡切 ③掌击铡切				6.捶
（6）滚料切（滚刀切、滚切）					7.排
					8.剐
					9.削
（7）翻刀切					10.剜
2.斩（剁）					11.车（旋）
3.砍（劈）					12.滚片法
（1）直砍					13.背刀
（2）跟刀砍					14.拍

3.4.1　直刀法

1）切

切是刀法中刀的运动幅度最小的刀法，因此一般适用于加工无骨无冻的原料。由于这类原料的性能各不相同，各地的行刀习惯不同，因此又有不同的手法。

（1）直刀切（跳切）

直刀切一般适用于加工脆性植物原料，如土豆、黄瓜、萝卜、茭白等。直刀切如图3.2所示。

图3.2　直刀切

①操作方法。左手按住原料，右手持刀，用刀刃中前部对准原料被切部位，刀体垂直落下将原料切断。

②操作要领。左右两手配合要协调而有节奏，左手指自然弯曲呈弓形按住原料，随刀的起伏自然向后移动。右手落刀距离以左手向后移动的距离为准，将刀紧贴着左手中指指向下切。因此左手每次向后移动的距离是否相等，是决定原料成形后是否整齐划一的关键。左右两手的配合是一种连续而有节奏的运动。

另外，下刀要垂直，用力要均匀，刀刃不能偏斜，否则会使原料形状厚薄不一，粗细不匀。

（2）推切

推切适用于加工韧性原料，如无骨的新鲜猪、羊、牛肉。通过推的方法可将韧性纤维切断。

①操作方法。左手按住原料，用中指第一个关节顶住刀膛；右手持刀，用刀刃的前部对准原料，从右后方向左前方立即推切下去，直至原料断开。

②操作要领。左手按住原状料不能滑动，否则原料成形不整齐。刀落下的同时，立即将刀向前推，一定要把原料一次切断，否则就会连刀。

（3）拉刀切（拖刀切）

拉刀切是与推切相对的一种刀法，与推切的适用范围基本相同，适宜加工各种韧性原料。一般川、广地区习惯用推切方法，而江浙、京鲁地区习惯用拉切法。

①操作方法。左手按住原料，用中指第一个关节顶住刀膛，用刀刃后部对准原料的被切位置，刀体垂直而下，切入原料后立即从左前方向右后方切下去，直至原料断开。

②操作要领。与推切基本相同。左手需按住原料，一刀切断原料。

（4）推拉切（锯切）

推拉切适宜加工松软易碎的原料，如面包、熟肉等。有些质地较硬的原料也可用锯切，如切火腿、切肥牛（因原料未完全解冻，质地较硬）。

①操作方法。推拉切是一种把推切与拉切连贯起来的刀法。先将刀向前推，然后再向后拉，一推一拉，像拉锯一样直至将原料切断。一般刀刃不离开原料。

②操作要领。如原料质地松散，则落刀不能过快，用力也不能过重，以免原料碎裂或变形。落刀要直，不能偏里或偏外，以免原料形状厚薄不一。

（5）铡切

刀与原料和菜墩垂直，刀的中端或前端部位要压住原料，然后再用力压切下去。

①铡切的方法。

A. 交替铡切。操作方法：右手握刀柄，左手按住刀背前端，刀跟抬起，刀尖着菜墩或菜刀尖抬起，刀跟着菜墩，反复上下铡切断料。如切花椒、蒜末、姜末、开洋等。

B. 击掌铡切。操作方法：右手握刀柄，刀刃前端部位放在原料要切的部位上，然后左手掌用力猛击刀背前端，使刀铡切下去断料，如盐蛋、鸭头、兔头等。

C. 平压铡切。操作方法：持刀方法同交替铡切，刀刃平压住原料，运刀时平刀用力压下去。铡切适用于带壳、体小圆滑、略带小骨的原料，如花椒、熟蛋、烧鸡、蟹等。

②操作要领。刀上下铡切时，首先应始终保持一端靠着菜墩面（因原料小且易动，如刀全部离开菜墩面会使原料跳动失散）。其次刀要四周运动，并将原料向中间靠拢，用力要均

匀，以保持原料形状整齐，大小一致。

落刀位置要准，动作要快，刀刃要紧贴原料并不得移动，以保持原料形状整齐、刀口光滑，原料内部汁液不溢出。

（6）滚料切（滚刀切、滚切）

滚料切主要用于把圆形、圆柱形、圆锥形等原料加工成"滚料块"（习惯称为"滚刀块"）。滚料切如图3.3所示。

图3.3　滚料切

①操作方法。左手按住原料，右手握住刀柄，每切一刀，将原料滚动一次。

②操作要领。左手滚动的原料斜度要适中，右手紧跟原料的滚动以一定的角度切下去。加工同一种块形时，刀的角度基本保持一致，才能使加工后的原料形状整齐划一。

（7）翻刀切

①操作方法。以推刀切为基础，待刀刃断开原料的一瞬间，刀身顺势向外侧翻的一种运刀手法。此法便于切料形状整齐，所切原料按刀口次序排列，原料成形后不粘刀身，干净利落。用于加工肉丝、肉片、大头菜等。

②操作要领。运刀时刀刃断料一瞬间顺势翻刀，刀刃几乎不粘菜墩面；掌握好翻刀时机，翻刀早了原料不能完全断纤；翻刀迟了，则刀口容易刮到菜墩，必须在刀刃断纤的一瞬间顺势翻刀。

2）斩（剁）

斩是刀与菜墩面或原料基本保持垂直运动的刀法，用力及幅度比切大。斩一般可分为排斩和直斩。

（1）排斩

排斩是使用单刀或双刀将无骨的原料制成泥、蓉或末的一种刀法。适用于无骨原料，用于加工馅、肉丸子、泡辣椒、豆瓣、姜蒜粒等，为了提高工作效率，常用两把刀同时操作。

①操作方法。左右手各持一把刀，两刀间隔一定距离；两刀一上一下，从左到右，再从右到左，反复排斩，斩到一定程度时要翻动原料，直至将原料斩至细而均匀的泥蓉状。排斩也可用单刀操作。

②操作要领。左右两手握刀要灵活，使刀的起落要有节奏，两刀不能互相碰撞；要勤翻原料，使其均匀细腻；如有粘刀现象，可将刀放在水里浸一浸再斩。

（2）直斩（又称直剁）

使用单刀斩的方法，这种刀法适用于加工较硬或带骨的原料，如猪大排、鸡、鸭及略带

冰冻的肉类等。

①操作方法。左手按住原料，右手将刀对准要斩的部位，垂直用力斩下去。

②操作要领。直斩必须准而有力，一刀斩到底，才能使斩切的原料整齐美观。如果一刀斩不断，再重复斩一刀，就很难对准原料的刀口，这样就会把原料斩得支离破碎，直接影响菜肴质量。

3）砍（劈）

砍是直刀法中用力及幅度最大的一种刀法，一般用于加工质地坚硬或带大骨的原料。砍有直砍、跟刀砍等。

（1）直砍

直砍一般适用于带大骨、硬骨的动物类原料或质地坚硬的冰冻原料，如带骨的猪、牛、羊肉，冰冻的肉类、鱼类等。

①操作方法。将刀对准原料要砍的部位，用力向下砍，将原料砍断。

②操作要领。用力要稳、狠、准，力求一刀砍断原料，以免原料破碎。原料要放平稳，左手扶料且离落刀点远些，如果原料较小，落刀时左手应迅速离开，以防砍伤。

（2）跟刀砍

跟刀砍适用于质地坚硬、骨大形圆或一次砍不断的原料，如猪头、猪肘、猪爪、大鱼头等。

①操作方法。左手扶住原料，右手将刀刃对准要砍的部位先直砍一刀，让刀刃嵌进原料；然后左手扶住原料，随右手上下起落直到砍断原料。

②操作要领。刀刃一定要嵌进原料，左右两手起落的速度应保持一致，以保证用力砍时原料不脱落，否则容易发生砍空或伤手等安全事故。

3.4.2 平刀法

平刀法又称片刀法，是使刀面与原料或菜墩面接近平行的一类刀法。平刀法分为拉刀片、平刀片（图3.4）、平刀推片、平刀推拉片（图3.5）。

图3.4　平刀片

A.　　　　　　　　　　　　　　　　　B.

图3.5　平刀推拉片

1）平刀片

这种刀法操作时要求刀膛与菜墩面或刀膛与原料平行，刀做水平直线运动，将原料一层层地片(批)开。这种刀法主要是将原料加工成片状，在片的基础上，再运用其他刀法加工成丁、粒、末、丝、条、段、块或其他形状。

（1）操作方法

刀身与菜墩和原料接近平行，刀由外向里（由右边一刀平片至左边）运刀断料的片法。

（2）操作要领

①持刀稳，刀身始终与原料平行，出刀果断有力，一刀断面。

②左手手指平按于原料上，力量适当，既固定原料又不影响刀的运行。

③左手食指与中指应分开一些，以便观察每片原料的厚薄。随着刀的片进，左手的手指尖应稍抬起。

（3）适用原料

此法适宜加工无骨的软性细嫩的原料，如土豆、黄瓜、胡萝卜、莴笋、冬笋、豆腐、豆腐干、凉粉、鸡血、鸭血、猪血、火腿肠等。

2）平刀推片

平刀推片，又称"推刀批"，是指刀与菜墩和原料接近平行，刀前端从原料右下角进入，然后由外向里（由右向左）运刀断料的片法。

（1）操作方法

操作时左手按稳原料，右手持刀，刀前端片进原料右下角，推进一定深度后，顺势一推，片下原料。

（2）操作要领

①持刀稳，刀身始终与原料平行，出刀果断有力，一刀断面。

②左手手指平按于原料上，力量适度，既固定原料又不影响刀的运行。

③左手食指与中指应分开一些，以便观察每片原料的厚薄。随着刀的片进，左手的手指尖应稍抬起。

（3）适用原料

平刀推片适用于体小、脆嫩或细嫩的动、植物类原料，如莴笋、萝卜、蘑菇、猪腰、鱼肉等。

3）平刀拉片

平刀拉片这种刀法操作时要求刀膛与菜墩面或原料平行，从后向前运行，一层一层将原料片开，应用此法主要是将原料加工成片的形状，在片的基础上，再运用其他刀法可加工出丝、条、丁、粒、末等形状。

（1）操作方法

原料放置在墩面右侧，用左手按稳原料，根据目测厚度或经验将刀刃的后部位对准原料被片的部位，并将刀具的中部进入原料，向身体一侧拖拉运刀断料的一种方法。

（2）操作要领

①操作时一定要将原料按稳，紧贴在刀板上，防止原料滑动。

②刀在运行时要充分有力，如果原料一刀未片开，可连续拉片，至原料完全片开为止。

（3）适用原料

刀拉片适宜加工体小，脆嫩或细嫩的动植物类原料，如萝卜、蘑菇、腰子、莴笋、里脊肉、鸡脯肉、鱼肉等。

4）平刀推拉片

平刀推拉片，又称"推拉刀批""锯片"，指来回推拉的片法。其刀法基本同于拉刀片，只是增加了推的动作，运刀时来回推拉平片，从右到左反复推拉至平片断料。

（1）操作方法

推拉刀片可结合原料的性质特点，有从上起片或从下起片两种方法。

从上起片时可以目测左手食指与中指缝间所片原料的厚度，便于掌握厚薄，直至片完一片，但原料成形不易平整，多用于植物类的原料。

从下起片，原料成形平整，但因在起片时只能以菜墩的表面为依托来估计刀刃与菜墩面之间的距离，难以掌握厚薄，多用于动物类的原料。

（2）操作要领

①推拉刀片的操作要领，基本上与拉刀片相同。只是由于推拉刀片要在原料上一推一拉反复几次，手持刀时更要持稳、端平，刀始终平行于原料，随着刀的片进，左手指逐渐翘起，以掌心按稳原料。

②操作时在每片的末端不片断，将原料转动180°后，再接着片。这样原料成形张片大，呈折扇形，便于下一步的刀工处理。

（3）适用原料

推拉刀片法适用于体大，韧性强，筋较多的原料，如牛肉、猪肉等；硬性较大的植物类原料，如胡萝卜等。

3.4.3　斜刀法

斜刀法是指刀与菜墩或原料成小于90°角的一类刀法。主要有斜刀正片和斜刀反片。

1）斜刀正片

斜刀正片是刀刃向左，刀身与菜墩和原料成锐角，运刀方向倾斜向下，一刀断料的片法。

（1）操作方法

操作时以左手按稳原料的左端，右手持刀，刀刃向左，定好厚度后，刀身呈倾斜状片进原料，直片到左下方将原料断面。斜刀正片如图3.6所示。

A.

B.

C.

图3.6　斜刀正片

（2）操作要领

①运用腕力，进刀轻准，出刀果断。

②左手手指轻轻按稳所片的原料，在刀刃片断原料的同时，左手指顺势将片下的原料往后带，再接着片第二片，两手动作有节奏地配合。

③注意掌握落刀的位置、刀身的斜度及运刀的动作以控制片的厚度。

（3）适用原料

此法适用于质软、性韧、体薄的原料，如鱼肉、猪腰、鸡脯肉等。

2）斜刀反片

斜刀反片是指刀向外，刀与菜墩和原料成锐角，运刀方向由内向外的片法。

（1）操作方法

斜片反刀时，右手持刀向怀内成倾斜状并靠着左手指背，左手指背贴着倾斜的刀身，刀背向里（怀内）刀刃向外，进刀后由里向外将原料片断。

（2）操作要领

①左手按稳原料，并以左手指背抵住刀身，右手持稳刀，使刀身紧贴左手指背片进原料。左手以同等的距离向后移动，使片下的原料在形状、厚薄上一致。

②运刀时，手指随运刀的角度变化而抬高或放低，运刀角度的大小，应根据所片原料的厚度和对原料成形的要求而定。

③刀不宜提得过高，以防伤手。

（3）适用原料

此刀法适用于体薄、韧性强的原料，如玉兰片、鱼肉、熟肚等。

3.4.4　剞刀法

剞刀法也称综合刀法、锲刀法、花刀。它是以片和切为基础的一种综合运刀方法。剞刀法具有要求高而技术性强的特点。

1）分类

在具体操作中，由于运刀方向和角度的不同，又分为直刀剞、推刀剞、斜刀剞、反刀剞4种。它们分别与直刀切、推刀切、斜刀片、反刀斜片相似，只是不将原料切断。

2）操作要领

①持刀稳，下刀准，每一刀用力均衡，运刀倾斜角度一致，刀距均匀、整齐。

②运刀的深度一般是原料的1/2或2/3，少数韧性强的原料可深达原料的3/4。

③根据烹制方法的不同，对原料形状要求也不同，应综合运用几种剞法。但要注意防止刀纹深浅不一，刀距不等，以免影响成菜后的形态美观。也不要剞断原料，影响菜肴规格和质量。

3）适用原料

适用于质地脆嫩、收缩性大、形大体厚的原料，如腰、肝、肚、肉、鱼等。

3.4.5　其他刀法

其他刀法见表3.4。

表3.4　其他刀法

名　称	操作要领和适用原料
剔	剔是指带骨原料除骨取肉的刀法，适用于畜、禽、鱼类原料。剔时，下刀的刀路要准确，随部位不同分别使用刀尖、刀跟，保证取料的完好
剖	剖是用刀将原料剖开的方法，适用于鸡、鸭、鱼类原料。剖腹时，根据烹调方法的需要掌握下刀部位及剖口的大小
起	起是将原料分割成两部分的刀法。如将猪肉起下猪皮，就是将刀反片进猪皮与肥膘之间，连推带拉地把肉皮与肥膘分离
刮	刮是指用刀将原料表皮或污垢去掉的运刀方法，如刮肚子、刮鱼鳞等
戳	戳是指用刀跟戳刺原料（鸡腿、猪蹄筋、肉类），而又不致断裂的刀法。戳时要从左到右，从上到下，肌腱多的多戳，肌腱少的少戳。戳后仍保持原料的完整形状，使原料松弛、平整、易入味、易于成熟，成菜质感松嫩
捶	捶是指用刀背将原料砸成泥蓉状的刀法。适用于各种肉类原料。捶蓉时，刀身应与菜墩垂直，刀背与菜墩吻合，有节奏、有顺序地左右移动，均匀捶制
排	排是指用刀背在原料上有顺序的、轻捶的刀法。适用于鸡肉、猪肉等原料。排时刀背在原料表面有顺序地排出，使其疏松，保证成菜细嫩入味
剐	剐是指肉离骨的加工运刀法，如剐黄鳝。原料加工中，常与剔法结合，对鸡、鸭进行整料出骨

续表

名　称	操作要领和适用原料
削	削是指用刀平着去掉原料表层的运刀方法。原料加工中，用于初加工和一些原料的成形，如削莴笋、萝卜，将萝卜削成算盘珠形
剜	剜是指用刀具将原料挖空的运刀方法。如挖空西瓜、番茄、苹果、雪梨等，以便制作瓤馅菜肴。剜时要注意原料四周厚薄均匀，使不露馅
车（旋）	右手持稳专用车刀，左手握稳原料，入刀后左手将原料向右旋转，刀与原料相互用力，不停转动，使原料外皮薄而均匀地成螺旋形的片状落下。车（旋）主要用于削去原料的外皮，如车苤蓝、苹果、梨子等
滚片法	滚片法，即菜墩与刀配合，将圆柱形的原料放在菜墩上，左手按稳，右手持稳切刀、放平刀身，紧贴墩面，以刀切出适当的原料，从原料贴菜墩表面的部位，一边片，一边转动原料，直至片完，使圆柱形原料成一张薄片，如片莴笋、胡萝卜、黄瓜、丝瓜等
背刀	背刀是右手握刀柄，将刀倾斜，刀口向左，用刀口的另一面压住原料，连拖带按的一种运刀法。其目的是观察原料（如鸡蓉、肉蓉等）中有无肌腱、碎骨，便于剔除。或者直接将某些原料加工细，如蒜蓉泥、豆豉蓉（泥、糊等）
拍	拍是指用刀身拍破或拍松原料的方法。如生姜、葱等，将其拍破容易出味；又如猪肉、牛肉等，拍松后，厚薄均匀，烹时易入味、酥松

任务5　常见原料的形态

成形后的原料是多种多样的，较常见的有块、片、条、丝、丁、粒、末等形状。

3.5.1　块

块的种类很多，常用的有象眼块（菱形块），大、小方块，长方块（骨牌块），梳子块，滚刀块等。其中，象眼块、大、小方块、长方块等，可以采用直切、推切、推拉切、直砍等方法；滚刀块、梳子块则可以采用滚刀切的方法。

用于烧、焖的块可稍大些；用于熘、炒的块可稍小些；质地松软、嫩脆的原料块可稍大些，质地坚硬而带骨的原料块可稍小些。对某些形状较大的原料还应在背面剞上十字花刀，以便于烹制时均匀受热入味。块的规格见表3.5。

表3.5　块的规格

名　称	成形规格
象眼块（菱形块）	长轴4厘米，短轴2.5厘米，厚2厘米
长方块（骨牌片）	长4厘米，宽2.5厘米，厚2厘米
滚刀块	长4厘米的多面体
梳子块	长3.5厘米的多面体，背厚0.8厘米

3.5.2 片

片因形状大小厚薄不同，可分为柳叶片、骨牌片、二流骨牌片、牛舌片（图3.7）、菱形片、指甲片、麦穗片、连刀片、灯影片等。汤菜、熘菜用的片要薄些，爆炒用的片则可稍厚。质地松软易碎烂的原料，如豆腐片、鱼片、土豆片需厚些；质地较硬或带有韧性的原料，如牛肉片、猪肉片、羊肉片、笋片等，则可稍薄。片的规格见表3.6。

图3.7 牛舌片

表3.6 片的规格

名　称	成形规格
柳叶片	长约6厘米，厚约0.3厘米，形似柳叶
大骨牌片	长约6厘米，宽约2厘米，厚约0.4厘米
小骨牌片	长约5厘米，宽约2厘米，厚约0.3厘米
牛舌片	长约10厘米，宽约3厘米，厚0.07～0.1厘米
菱形片	长轴约5厘米，短轴约2.5厘米，厚约0.2厘米
指甲片	边长约1.2厘米，厚约0.1厘米
麦穗片	长约10厘米，宽约2厘米，厚约0.2厘米
连刀片	长约10厘米，宽约4厘米，厚0.3～0.5厘米
灯影片	长约8厘米，宽约4厘米，厚约0.1厘米

3.5.3 条

按粗细长短的不同，条一般可分为大一字条、小一字条、筷子条、象牙条等。条的规格见表3.7。

表3.7 条的规格

名　称	成形规格
大一字条	长5～6厘米，粗1.2～1.5厘米
小一字条	长4～5厘米，粗约1厘米
筷子条	长3～4厘米，粗约0.6厘米
象牙条	长4～5厘米，粗0.8～1厘米的梯形

3.5.4 丝

按丝的粗细不同，丝一般可分为头粗丝（图3.8）、二粗丝（图3.9）、细丝、银针丝（图3.10）等。丝的规格见表3.8。

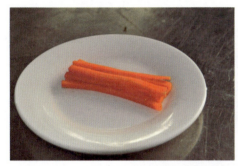

图3.8 头粗丝

图3.9 二粗丝

图3.10 银针丝

表3.8 丝的规格

名　　称	成形规格
头粗丝	长8～10厘米，粗0.4～0.5厘米
二粗丝	长8～10厘米，粗约0.3厘米
细丝	长8～10厘米，粗约0.2厘米
银针丝	长8～10厘米，粗约0.1厘米

3.5.5 丁、粒、末

丁的形状近似于正方体，粒是小于丁的正方体，末的形状是一种不规则的形体，其成形方法是通过直刀剁加工形成的。丁、粒、末的规格见表3.9。

表3.9 丁、粒、末的规格

名　　称	成形规格
大丁	2厘米×2厘米或1.5厘米×1.5厘米

续表

名　称	成形规格
小丁	1.2厘米×1.2厘米或1厘米×1厘米
颗粒	0.5厘米×0.5厘米
米粒	小于0.2厘米×0.2厘米
末	很细小的粒

3.5.6 蓉、泥

一般是将鱼虾、猪、牛、羊、鸡、兔的肉用捶与剁的刀法制成的。在剁、捶之前，应将原料除尽筋、膜、皮等。

3.5.7 常见的花刀

常见的花刀成形规格见表3.10。

表3.10 常见的花刀成形规格

名　称	加工方法与成形规格
荔枝形花刀	选用质地脆嫩的原料，厚度约0.8厘米，先用直刀法在原料上剞成一条条平行的直刀纹，其深度为原料的2/3，刀距为0.3厘米，再转一个角度，仍用直刀剞成一条条平行的、与前刀纹相交的直刀纹，再切成边长约5厘米的等边三角形，经加热烹制卷缩后即成荔枝形，如荔枝肚花、腰块等
菊花形花刀	选用原料为厚度在1厘米以上的胗子、鱼肉等，是运用垂直相交的直刀推剞十字花刀剞制而成的。刀距为0.3～0.6厘米，剞的深度为原料的4/5，再改刀切成3～5厘米的正方块，经加热后即卷曲成菊花形态
松果形花刀	鱿鱼、墨鱼、鱼肉等原料，是运用斜刀推剞的刀法制成的。运用斜刀推剞的方法在原料上剞刀，深度是原料厚度的4/5，进刀倾斜度为45°。再转一个角度斜刀推剞，进刀深度是原料厚度的4/5，进刀倾斜度为45°。两刀相交角度为45°，然后改刀切成宽4厘米、长5厘米的块，经加热后即卷曲成松果形态
凤尾形	在厚度约为1厘米，长度约为10厘米的原料上，先顺着用反刀斜剞成刀距为0.3厘米或0.4厘米宽，深度约为原料的2/3或4/5的条纹，再横着用直刀切三刀一断，成长条形，经烹制卷曲后即成凤尾形，如凤尾肚花，凤尾腰花等
麦穗形	在厚度为0.8厘米的原料上交叉反刀斜剞，再按一定规格推刀切成长条。如麦穗状，其规格是：反刀斜剞0.8厘米宽的交叉十字花纹，再顺纹路切3厘米宽、约10厘米长的条。又如火爆麦穗肚花、火爆麦穗腰花的规格是：在厚度约为0.8厘米的原料上，反刀斜剞0.5厘米宽的交叉十字花纹，再顺纹路切成2.5厘米宽、约5厘米长的条。以上反刀斜剞的深度为原料的2/3
鱼鳃形	在厚度约为1厘米的原料上，是运用直刀推剞和斜刀拉剞的刀法制成的。采用直刀推剞的刀法，剞的刀距为0.3厘米宽，深度为原料的五分之四；再顺着用斜刀法片成三刀一断或两刀一断，片的刀距为0.5厘米宽，深度为原料的2/3。经烹制卷曲后，即成鱼鳃形

续表

名　称	加工方法与成形规格
鸡冠花形	在厚度约3厘米的原料上，用直刀顺剞约0.3厘米宽，约2厘米深的刀纹，再把原料横过来切成约0.3厘米宽的片，烹制后形如鸡冠

1. 如何加工凤尾花刀？
2. 如何加工荔枝形花刀？
3. 如何加工菊花形花刀？
4. 如何加工麦穗花刀？

烹饪原料的鉴别

任务1　烹饪原料的鉴别与选择

4.1.1　烹饪原料品质鉴别的依据和标准

1) 原料的固有品质

原料的固有品质是指原料本身具有的口味、质地、色泽、气味、外观形状等外部品质特征，以及营养成分、化学成分、质构和组织特征等内部品质特征。原料固有的品质与原料的产地、产季、品种、食用部位及栽植饲养条件等因素有着密切的联系。

2) 原料的纯度和成熟度

原料所含的杂质少，则纯度就高；如果成熟度恰到好处，原料品质就好。原料的成熟度是否恰到好处，与其原料的饲养或种植时间、上市季节有密切的关系。

3) 原料的新鲜度

原料的新鲜度是鉴别原料品质最基本的标准。各种烹饪原料都可能因保管方法不当或存放时间过长而发生一些物理变化或化学变化，使其新鲜度下降，甚至腐败变质。原料新鲜度的变化，可以从下列几个方面去鉴定。

（1）水分的变化

新鲜原料都有正常的含水量。含水量变大或变小，重量随之会有相应变化，这说明原料的新鲜度已经发生变化。含水量丰富的蔬菜和水果等新鲜原料，水分损失越多，重量减轻越多，新鲜度也就越低。干货原料则相反，吸湿受潮，重量增加，质量则会下降。

（2）形态的变化

任何原料都有一定的形态，越是新鲜，越能保持它原有的形态，反之形态必然变化、走样。例如，不新鲜的蔬菜干缩发蔫，不新鲜的鱼会变形脱刺。通过观察原料形态改变程度，就能判断原料的新鲜程度。

（3）色泽的变化

每种原料都有天然的色彩和光泽。例如，新鲜肉一般呈淡红色，新鲜鱼的鳃呈鲜红色，新鲜对虾呈青绿色等。在受到外界条件的影响后，它们就会逐步变色或失去光泽。凡是原料固有的色彩和光泽变为灰、暗、黑或其他不应有的色泽时，都说明新鲜度已经降低。

（4）质地的变化

新鲜原料的质地大都坚实饱满或富有弹性和韧性，如果新鲜程度降低，原料的质地就会变得松软而无弹性，或产生其他分解物。

（5）气味的变化

各种新鲜的原料，一般都有其特有的气味，凡是不能保持其特有的气味，而出现一些异味、怪味、臭味以及不正常的酸味、甜味的，都说明原料的新鲜度已经降低。

4）原料的清洁卫生

烹饪原料是用来烹制成菜肴供人们食用的。烹饪原料必须符合食品卫生的要求。凡腐败变质，已污染或本身含有致病微生物，均属于不符合卫生质量标准的原料，不能食用。

4.1.2 烹饪原料品质检验的方法和技术

鉴定原料品质的方法，可分为理化鉴定和感官鉴定两大类。

1）理化鉴定

理化鉴定包括理化检验和生物检验两个方面。进行理化鉴定，必须要有一定的试验场所和设备，检验者也必须是具有熟练技术和一定专业知识的人员。因此，理化鉴定一般由国家的专门化验机构进行，行业中很少采用这种方法来鉴定原料。

2）感官鉴定

各种原料都有本身固有的感官性状，这是原料品质的外部反映。在对原料应有的感官性状了解的基础上，人们通过眼、耳、鼻、舌、手等感觉器官进行感知、比较、分析、判断其品质的检验方法就叫感官鉴定。

用感官鉴定原料品质的方法是烹饪工作中最实用、最简便且有效的检验法，具体的方法有视觉检验、嗅觉检验、味觉检验等几种。感官鉴定的方法见表4.1。

表4.1　感官鉴定的方法

名　称	感官鉴定的方法
嗅觉检验	运用嗅觉器官来鉴定原料的气味。许多烹饪原料都有正常的气味，如肉类有正常的香味，新鲜的蔬菜也有清香味。如出现异味，就说明品质已有问题
视觉检验	视觉检验的范围最广，凡是直接能用肉眼根据经验辨别品质的，都可以用这种方法，即以原料的外部特征（如形态、色泽、结构、斑纹）进行检查，以确定品质的好坏

续表

名　称	感官鉴定的方法
味觉检验	人的舌头分布许多味蕾，当味蕾接触外物、受到刺激时即有反应，不论甜、咸、酸、苦、辣哪一种滋味，都可以辨别出来。有些原料就可以通过味觉特征的变化情况鉴定其品质好坏
听觉检验	声波刺激耳膜引起听觉。某些原料可以用听觉检验的方法来鉴定其品质的好坏，如鸡蛋就可以用手摇动，听蛋中是否有声音来确定蛋的好坏
触觉检验	触觉是物质刺激皮肤表面的感觉。手指是较敏感的，接触原料可以检验原料组织的粗细、弹性、硬度等，并以此确定其品质的好坏。肉类、鱼类、蔬菜类原料都能用这个方法鉴定品质的好坏。触觉检查也适用于原料新鲜度的鉴定

4.1.3　主要烹饪原料质量的鉴定方法

1）蔬菜类的鉴定

蔬菜的新鲜度是鉴定蔬菜质量高低的一个重要标准。蔬菜越是新鲜，质量也就越高，一般都是运用感官鉴定的方法，主要对其含水量、色泽、形态3个方面进行检验。蔬菜的鉴定见表4.2。

表4.2　蔬菜的鉴定

名　称	蔬菜的鉴定方法
含水量	绝大多数的蔬菜都含有较多的水分，因此，在同等条件下，含水量越高，其新鲜度也就越高，质量就越好。检验蔬菜的含水量，可用掂、掐、捏等方法来鉴别。掂是度其重量，正常情况下，蔬菜越重含水量越高；掐试其嫩度，掐得动的质嫩，含水量也就越高；捏试其软硬，较硬者水分损失少，含水量就高
色泽	各种蔬菜都应具有该品种固有的颜色，大多数有发亮的光泽，显示出蔬菜的成熟度及鲜嫩程度。含水量充足的新鲜蔬菜颜色鲜艳，有光泽。如果颜色晦暗，无光泽，则为不新鲜蔬菜
形态	含水量充足的新鲜蔬菜大多数形态饱满、肥厚，表面光滑。如果外形干枯，体态变小，表面粗糙发皱，即为不新鲜蔬菜

2）家畜肉的鉴定

因为家畜肉是容易变质的原料，如果储藏条件不好，各种微生物就会大量繁殖，使肉变质，所以必须通过检验才能鉴定肉的品质好坏。一般分为新鲜肉、不新鲜肉和腐败肉3种，可通过感官检验的方法来鉴定。家畜肉的鉴定见表4.3。

表4.3　家畜肉的鉴定

名　称	家畜肉的鉴定方法
外观	新鲜肉表皮微干，色泽光润，肉剖面呈淡红色，稍温润，不黏，肉质透明；不新鲜的肉，有一层风干的暗灰色表皮，或表面潮湿，肉汁浑浊不清，有黏液，色泽暗淡，有发霉现象；腐败的肉，表皮干燥，色变黑、变绿、黏手，发霉，剖面呈暗灰色

名 称	家畜肉的鉴定方法
硬度	新鲜肉,剖面紧密,富有弹性,用手触压后能迅速恢复原状;不新鲜的肉,质地柔软,弹性差,用手按压后不能立即恢复原状;腐败的肉,质地松软,无弹性,用手按后不能复原
气味	新鲜肉具有每种家畜肉特定的气味,冷却后稍带有腥味;不新鲜的肉有酸味或霉臭味;腐败的肉有严重的腐败臭味
脂肪	新鲜肉,脂肪分布均匀,无异味,色泽鲜艳(猪肉脂肪呈白色,羊肉脂肪呈白色、黄色或淡黄色),紧密;不新鲜的肉,脂肪呈淡灰色,无光泽,黏手,有时出现发霉现象,有轻微酸败味;腐败的肉,脂肪表面有黏液或真菌,有强烈的酸败味
骨髓	新鲜肉,骨腔充满骨髓,色泽光亮;不新鲜的肉,骨髓在骨腔内有空隙,质松,色灰暗;腐败的肉,骨髓在骨腔中有较大空隙,质软,色暗,有黏液

3)家禽肉的鉴定

家禽肉的品质检验主要是对宰杀后的家禽肉在保管中发生质量变化的检验,即新鲜度的检验。家禽肉的鉴定见表4.4。

表4.4 家禽肉的鉴定

名 称	家禽肉的鉴定方法
嘴部	新鲜的家禽肉,嘴部有光泽,干燥有弹性,无异味;不新鲜的家禽肉,嘴部无光泽,无弹性,有腐臭味;腐败的家禽肉,嘴部颜色暗淡,角质部软化,口角有黏液,有严重的腐败味
眼部	新鲜的家禽肉,眼珠充满整个眼窝,眼膜有光泽,眼珠凸出;不新鲜的家禽肉,眼珠无光,部分下陷;腐败的家禽肉,角膜暗淡,眼珠下陷,有黏液
皮肤	新鲜的家禽肉,皮肤呈淡白色或淡黄色,干爽;不新鲜的家禽肉,皮肤淡灰或淡黄潮湿,有轻度腐败味;腐败的家禽肉,皮肤灰黄,有的地方带淡绿色,表面潮湿有霉味或腐败味
脂肪	新鲜的家禽肉,脂肪呈白色或淡黄色,有光泽,无异味;不新鲜的家禽肉,脂肪色泽无明显变化,但稍有异味;腐败的家禽肉,脂肪呈淡灰色或淡绿色,有酸臭味
肌肉	新鲜的家禽肉,肌肉呈玫瑰色,有光泽,结实而有弹性,鸭、鹅的肌肉为红色,幼禽肉呈玫瑰色;不新鲜的家禽肉,肌肉弹性变小,手按压有明显的指痕;腐败的家禽肉,肌肉暗红、暗绿或灰色,有较重的腐败味

4)鱼类的鉴定

鱼类的鉴定见表4.5。

表4.5　鱼类的鉴定

名　称	鱼类的鉴定方法
鱼鳃	新鲜鱼，鱼鳃鲜红或粉红，鳃盖紧闭，黏液少呈透明状，无腐臭味。不新鲜的鱼，鱼鳃呈灰色或深红色；腐败的鱼，鱼鳃呈灰白色，有黏液污物
鱼眼	新鲜的鱼，眼睛澄清而透明，完整，稍向外凸出，无充血和发红现象；不新鲜的鱼，眼稍塌陷，色泽灰暗，有时由于内部溢血而发红；腐败的鱼，眼球破裂，位置移动
鱼表皮和肌肉	新鲜鱼，皮面上黏液少，体表清洁，鳞片紧密完整而有光泽，肌肉组织富有弹性，用手按压随即复原，肛门周围呈圆坑形，腹部不膨胀；不新鲜的鱼，黏液多，鱼背较软，用手按压不能立即复原，鳞片松弛有脱落，肛门突出，腹膨胀，有腐臭味

4.1.4　烹饪原料的选择

烹饪原料选择包括原料品种的选择、原料产地的选择、原料上市季节的选择、原料部位的选择的选择等几个方面。

1）原料品种的选择

原料品种的选择，是指在同一类原料中，应选择不同的品种制作不同的菜肴。例如鱼类菜品中，"砂锅鱼头"一般选用鳙鱼，而脂肪含量高的鲥鱼、鳜鱼一般适合于清蒸，青鱼、草鱼等因肉质厚而细刺少，宜于切丝、切片、切丁。由此可见，这些原料由于品种不同，在使用上也就有区别。

2）原料产地的选择

我国地大物博，烹饪原料众多，各地所产则因地域、气候的不同而有所差异。即使是同一种原料，其差别也很大。如"鱼香肉丝"必须选用四川郫县产的泡辣椒，才能烹制出该菜所独有的风味；又如北京的烤鸭须选用北京的填鸭；金华火腿必须选用金华特产"两头乌"猪的后腿肉等。因此，原料的产地，有时直接影响菜品的质量和风味。

3）原料上市季节的选择

烹饪原料都有不同的上市季节，在不同季节，原料的品质特点和风味都有显著的差异。如番茄，未成熟时口味酸涩，营养价值和食用价值都很低，成熟的番茄营养丰富、色泽鲜红，是食用的最适宜时期。又如刀鱼，清明节前是产卵期，在此期间鱼肉最为肥嫩鲜美，刺软、鳞嫩、脂肪含量高，是食用的最佳时期，过了这个季节，刀鱼产下卵，鱼体消瘦变老，质量大为逊色。因此，掌握好原料的上市季节也是烹制高质量菜品的必备条件之一。

4）原料部位的选择

不同部位原料的品质特点和适用性不同，如猪、牛、羊等肉类原料，各部位的差异很大，分档取料更为严格。以猪肉分档取料为例，里脊肉、后腿肉适宜"炒"的烹调方法。猪蹄适宜于"炖""红烧"的烹调方法等。因此，正确掌握各部位原料的适用性是烹制高质量菜品的必备条件之一。

任务2 常用烹饪原料的分类与保藏

4.2.1 烹饪原料的分类方法

1）根据原料在烹饪中的地位分类

①主料：构成菜肴的主要烹饪原料，在菜肴中使用数量最多的原料。

②配料：每道菜肴中起辅助作用的原料，对菜肴的色香味形质感起到陪衬或突出主料的作用，使用数量较少。

③调味品：用于调和菜肴口味的原料，如盐、白糖、酱油、醋等。

④佐料：辅佐主料、配料、调料，使之能烹制成完整菜肴的原料。一般指食用油脂、食用淡水、食品添加剂等。

2）根据原料的商品性质分类

①粮食类：各种米、面、杂粮及其制品。

②蔬菜类：各种新鲜蔬菜、笋类、菌类及其制品。

③果品类：各种水果及其制品。

④禽畜肉类：各种家禽、家畜类及其制品。

⑤蛋乳类：各种禽蛋、鲜奶及其制品。

⑥水产品：各种海水和淡水产的水族类、两栖爬行类、藻类及其制品。

⑦调味品类：各种单一、复合及加工合成的调味品。

⑧油脂类：各种动物油脂和植物油脂。

⑨酒类：各种烹饪用酒。

3）根据原料的加工性质分类

①鲜活原料：各种新鲜的动物类原料和植物类原料。

②干货原料：经脱水加工的各种动物类原料、植物类原料。

③复制品原料：经过特别加工或人工合成的各种原料。

4）根据原料的生物属性和烹饪用途分类

①动物类原料：各种可做菜肴主、配料的禽畜蛋奶、水产品、馔用昆虫等动物类原料及其制品。

②植物类原料：各种可做菜肴主、配料的粮食瓜果、鲜蔬野菜、菌类、藻类、笋类等植物及其制品。

③辅佐类原料：辅佐动、植物类原料成菜的各类调味品、食用油脂、食品添加剂及合成制品等。

4.2.2 烹饪原料保藏的方法

1）低温保藏法

低温能减弱和抑制微生物的生长，能抑制动、植物类原料内部酶的活性，使微生物的生长繁殖活动和原料自身的分解活动放缓或停止，从而达到防止原料变质的目的。低温保藏法是保藏烹饪原料最普遍的一种方法，多数鲜货原料都可以采用低温保藏。低温保藏原料除了需要降低环境温度外，还应注意控制空气中的湿度，蔬菜原料还必须控制空气中氧和二氧化碳的含量，才能达到理想的保鲜效果。

2）高温保藏法

高温可以引起微生物菌体蛋白质和原料自身所含的酶类变性或凝固，使微生物丧失生命，酶类失去活性，从而达到防止原料腐败变质的目的。一般来说，温度超过80℃，就可以破坏酶类的活性，并能杀灭绝大多数的微生物。高温保藏法同低温保藏法一样，多用于鲜货原料，但保鲜效果不及低温保藏法，在没有冷藏设备的情况下，常采用此法。

3）脱水保藏法

脱水就是通过晾、晒、烘等手段，除去原料的绝大多数水分，使原料保持一定的干燥状态。脱水保藏法又称为干燥保藏法。干燥可以使原料上侵染的微生物因菌体蛋白质变性而死亡，并能破坏原料内部的酶类，阻止原料的自身分解。另外，由于干制原料水分含量极低，破坏了微生物的生长环境，外界微生物无法在干制原料上生长繁殖，因此脱水保藏法可延长原料保质期。

4）密封保藏法

密封保藏法就是将原料严密封闭在容器内或在原料表面涂上一层石蜡、油脂等保护层，使之与日光、空气隔绝，以防止原料被日光照射和被空气污染、氧化。这种方法可以使某些原料久藏不坏，如酱油、豆瓣酱、酒等。这种方法还可以使一些原料更具风味，如陈酒、榨菜、四川泡菜等。

5）腌渍保藏法

腌渍保藏法根据所应用的保藏介质不同，可分为如下几种：

（1）盐渍保藏法

食盐具有高渗透压的作用，将原料表面抹上盐或浸入浓盐水中，原料上一些浸染的微生物就会在高渗透压的作用下，使其细胞内的水分渗透到细胞外来，引起细胞质收缩，而与细胞壁分离，致微生物死亡。盐渍保藏法可用来保管禽畜类、鱼类和许多蔬菜原料。

（2）糖渍保藏法

由于食糖也有一定的渗透压作用，因此可以抑制细菌的生长繁殖。把原料浸在浓度较高的食糖溶液中，可以达到保藏的目的，如蜜饯、果脯、果酱等制品。糖浓度在50%以上才具有良好的保藏效果，才可以保藏较长的时间。

（3）酸渍保藏法

这是改变原料的酸碱度，以破坏微生物生长环境，抑制微生物生命活动的一种方法。有的是将原料用食醋浸渍，有的是用原料本身所含的糖发酵成酸进行保藏。这种方法用途虽然不广，但保管时间较长，且用酸渍过的原料还别具风味。

（4）酒渍保藏法

酒和酒糟中含有乙醇，具有脱水作用，可使细菌的菌体蛋白质因脱水变性而死亡，把鱼、蛋等原料用酒或酒糟浸渍，可保存很长时间，也具有特殊风味。

6）烟熏保藏法

这是一种用树枝、锯木末、茶叶及其他皮壳等作燃料，以燃烟来熏烤原料的一种方法。由于烟中含有酚、醋酸等物质，能抑制细菌生长而起到防腐作用，熏过的原料有独特的烟香风味。

7）气调保藏法

这是目前一种先进的原料保藏方法，它是通过改变原料储存环境中气体的比例，以达到减缓原料变化的过程而达到保藏原料的目的。此法往往要配合适当的低温，多用于水果和蔬菜的保藏。

8）辐照保藏法

利用放射性元素的穿透力，以极微量的射线照射原料，抑制发芽，杀灭微生物及细菌，使促进生化变化的酶遭受破坏，失去活力，从而终止原料被侵蚀或生长老化的进程，维持原料的品质稳定。

9）保鲜剂保藏法

这是在原料中添加具有保鲜作用的化学制剂来增加原料保藏时间的方法。保鲜剂有防腐剂、杀菌剂、抗氧化剂、脱氧化剂等几类。

10）活养保藏法

活养保藏法是指购进某些活体动物的原料，为随用随杀，在短时间内进行饲养而保持并提高其品质的特殊储存方法。活养法可以保持原料的新鲜，使菜肴质量有保证，是目前餐饮业广泛采用的一种方法。

 思考题

1. 烹饪原料品质鉴别的依据和标准是什么？
2. 烹饪原料的鉴定方法有几种？试比较它们的异同。
3. 蔬菜的新鲜度鉴定应从哪几个方面进行？
4. 怎样对家畜肉和鱼肉进行品质鉴定？
5. 对烹饪工作者而言，要选择到合适的原料，必须具备哪些原则和要求？
6. 原料的常用保藏方法有哪些？其主要原理是什么？

項目 **5**

烹饪原料初加工

【教学目标】
知识目标：了解各类原料初加工原则、方法。
能力目标：掌握各类原料正确的初加工方法和干料涨发方法。
情感目标：遵守操作规程，确保符合加工与卫生要求，物尽其用。

【内容提要】
1.鲜活原料初加工。
2.新鲜蔬菜初加工。
3.家禽的初加工。
4.家畜内脏的初加工。
5.水产品的初加工。
6.干货原料的涨发。

任务1 鲜活原料初加工

鲜活原料是指采撷后未经任何加工处理（如宰杀、清理等）的动植物类原料。

鲜活原料在烹饪中使用广泛，是最常见的一大类，主要包括新鲜的蔬菜、水产品、家禽、家畜等。这些原料由于自身的生长特点，一般不宜直接用于烹调食用，必须进行一系列的初步加工（初加工）过程，才能成为符合制作菜肴的净料。

鲜活原料初加工是指对鲜活原料的整理、宰杀、洗涤等过程，即原料由毛料成为净料的过程。

5.1.1 鲜活原料初加工的方法

1）摘剔

鲜活原料基本都存在不宜食用或不宜烹制的部分，比如蔬菜的黄叶、老筋，肉类的毛发、淋巴等，必须将其摘除干净，保证取得质量上乘的净料。

2）宰杀

一般适用于生命活动较为旺盛的动物类原料的初加工，比如活鸡、活鸭、活鱼、活兔等，常用颈部刺杀、溺死、敲打致死、灌死等宰杀的方法。

3）煺毛、剥皮或刮鳞

用于鸡、鸭、兔、鱼等动物类原料的初加工，必须除去它们身上不能食用的皮、毛、鳞等，才能进入下一步的加工。

4）去皮

这里的"去皮"，说的是用于莴笋、山药、大蒜等蔬菜的去皮初加工。常用削法为莴笋、萝卜、冬瓜等去皮，刮法为丝瓜、藕、山药、姜等去皮，剥法为洋葱、蒜、豌豆、胡豆等去皮（壳）。

5）开膛去内脏

这是专门针对动物类原料的一种初加工方法，也是动物类原料的一道重要加工工序。开膛去内脏的方法有腹开、腋开、背开3种，具体可根据烹调的实际需要而定。值得注意的是，开膛去内脏时，切记不能挖破苦胆及肝，否则将会影响整只原料的成菜质量。

6）清洁、洗涤处理

这是前面5种初加工方法完成之后的必不可少的步骤，更是保证原料及菜肴质量的关键步骤。

> 鲜活原料种类繁多、品种各异，加工手段也各不相同，实际操作应视原料的具体情况而灵活采用初加工方法。

5.1.2 鲜活原料初加工的原则

1）去劣存优，弃废留精

这是所有原料进入烹饪环节都应该遵循的原则，必须去除其不能食用或品质较差的部分，如污秽、边角废料等，将其加工成符合烹调需求的净料。

2）必须注重原料卫生与营养

购进的原料大部分都带有泥土、杂物、虫卵、皮毛、内脏等，而这些都必须进行初步清理和清洗后才能进入烹饪加工环节。需要注意的是，要尽量减少原料营养成分的流失。另外，实际操作时应视原料的具体情况而定，比如鲥鱼、鲷鱼鳞的脂肪含量较高，在初加工时则只需将鱼鳞表面洗干净，而不必将鱼鳞刮去，否则脂肪损失较大，反而会影响菜肴的鲜香味。

3）必须适应烹调的需要，合理用料

在初加工环节，除了要求原料干净、可食用外，还需注意节约，合理利用原料。比如笋的老根可吊汤，黄鱼的鳔可晒干做鱼肚干料等。只有两者兼顾，才能做到物尽其用，降低成本，增加收益。

4）根据原料的品种质地及菜品需求，应采用不同加工方法

不同原料，甚至同一原料的不同部位，在初加工方法上都有差异。具体的初加工方法，应视原料和菜肴的具体情况来选择，比如品种、老嫩和大小等。

任务2 新鲜蔬菜初加工

5.2.1 新鲜蔬菜初加工的质量要求

1）按规格整理加工

按照原料的可食用原则，原料的不同部位需要采用不同的加工方法，如叶菜类必须去掉菜的老根、老叶、黄叶等，根茎类要削去或剥去表皮，果菜类需削外皮，挖掉果心，鲜豆类要摘除豆荚上的筋络或剥去豆荚外壳，花菜类需要摘除外叶，撕去筋络等。

2）洗涤得当，确保卫生

蔬菜的清洗也是一门学问。一是洗涤时不仅要表面上看起来没有泥沙、虫子，还要尽可能去除夹杂在其中的虫卵、农药残留等。这就要求洗涤蔬菜的方法要得当。比如，有的蔬菜要掰开来洗，不使污秽物质夹在菜叶中，有的还需用淡盐水浸泡以去掉农药残留和虫卵等。其中直接生食的蔬菜一般要用0.3%的高锰酸钾溶液浸泡5分钟再用清水冲洗。二是洗好的蔬菜必须放置在加罩的清洁架上，防止沾染灰尘等杂质。三是必须遵循先洗后切的原则，尽可能减少蔬菜营养成分的流失。

3）合理放置

洗涤好的蔬菜要放在能沥水的盛器内，并且排码整齐，以便后续的精细加工。

5.2.2 新鲜蔬菜初加工的方法

1）摘除整理

多用于叶菜类，主要是去除老根、黄叶、杂物等。

2）削剔处理

大多数根茎类和瓜果类蔬菜都需要去皮处理后方能食用，如竹笋、萝卜、莴笋、冬瓜、南瓜等。还有一些原料需求用开水烫制后再剥去表皮，如番茄、辣椒等。

3）洗涤方法

常见的洗涤方法有冷水洗、高锰酸钾溶液洗、盐水洗、蔬菜洗洁精溶液洗4种，具体洗涤方法的选用，需视原料情况而定。

5.2.3 新鲜蔬菜加工实例

新鲜蔬菜的种类繁多，食用部位各异，用途也各有不同，以下简单介绍几类蔬菜的初加工。

1）叶菜类蔬菜的初加工

叶菜类蔬菜是指以植物肥嫩的叶片和叶柄作为食用部位的原料。

根据叶菜类蔬菜的栽培特点，可将其分为普通叶菜、结球叶菜和香辛叶菜3种类型。烹饪中常用的有菠菜、大白菜、空心菜、芫荽、韭菜、葱、香菜等。其初加工方法一般有摘剔老叶、老根、杂物、整理清洗、消毒等。

小白菜的初加工适用于大多数叶菜类，比如菠菜、瓢儿白等。

小白菜的加工方法及步骤如图5.1所示。

A. 盐水浸泡

B. 摘剔老叶、老根、杂物

图5.1 小白菜的加工方法及步骤

2）根茎类蔬菜的初加工

（1）根菜类蔬菜的初加工

根菜类蔬菜是指以植物的膨大根部作为食用部位的原料。

根菜类蔬菜的主要品种有白萝卜、胡萝卜、心里美萝卜、根用芥菜、根用甜菜等，其加工方法通常有切头去尾、刮去杂须、削去污斑、削皮、洗净等。

萝卜的初加工步骤如图5.2所示。

A.切头去尾，刮去杂须

B.削去污斑和皮

C.清水洗净备用

图5.2 萝卜的初加工步骤

（2）茎菜类蔬菜的初加工

茎菜类蔬菜是指以植物的嫩茎或变态茎作为主要的食用部位的原料。

按照茎菜类蔬菜的生长环境，可将其分为地上茎蔬菜和地下茎蔬菜两大类。常见的品种有莴笋、竹笋、龙须菜、茭白、芋头、马铃薯、山药、洋姜、魔芋、藕、姜、洋葱、大蒜、百合等。其加工方式基本都是先除去腐叶和腐茎，再削去老皮和老根，最后用清水洗净。因为其中一些原料淀粉含量较多容易发生氧化，所以在处理好后应用清水浸泡，使用时再从水中取出。

莴笋的初加工步骤如图5.3所示。

A.去除老叶、腐叶，削去老根和外皮

B.清水洗净

C.入凉水浸泡待用

图5.3 莴笋的初加工步骤

3）果实类蔬菜的初加工

果实类蔬菜是指以植物的果实为食用部位的原料。

果实类蔬菜按照生长成熟特点，可分为瓜果类、荚果类、茄果类等。瓜果类主要品种有黄瓜、南瓜、冬瓜、丝瓜、苦瓜等，其加工方法为去皮、根和瓤，清洗干净即可；荚果类主要品种有四季豆、豌豆、青豆等，其加工方法是去其根部及筋膜，用清水洗净即可；茄果类主要品种有番茄、茄子、甜椒等，其加工方法与瓜果类相同。

丝瓜的初加工步骤如图5.4所示。

4）花菜类的初加工

主要有花菜、西兰花、黄花菜等，其加工方法为去除根部及花心，清洗干净即可。

A.切去两头

B.刮去表面的绿衣

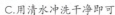

C.用清水冲洗干净即可

质地较老的丝瓜，需用刨刀刨去皮。丝瓜的初加工方法适用于瓠瓜等。

图5.4　丝瓜的初加工步骤

任务3　家禽初加工

5.3.1　家禽初加工的质量要求

1）宰杀时将气管、血管割断，放尽血液

为了节约加工时间，可同时割断气管与血管，使其迅速流尽血液。如果气管、血管没有完全割断，血液就不能放尽，肉色发红影响成品质量。

2）煺净禽毛

禽类煺毛有较强的技术性，为了保证禽类的形态，在煺毛的同时还必须保证禽类皮的完整性，其关键在于烫泡水温和烫泡时间的控制。总原则是：根据家禽的品种、老嫩和加工季节的变化而灵活掌握。一般来说，质老的水温偏高，时间更长；夏季水温偏低，时间更短。

3）洗涤干净

禽类清洗的重点部位是口腔、颈部刀口处、腹腔、肛门等，另外，内脏也要反复清洗，有的部位还须用盐和醋搓洗，以便除去黏液和异味。

4）剖口正确

在宰杀时，需做到颈部宰杀口要小，且不能太低。具体的开膛（剖口）方法则应根据菜品要求而定。

5）物尽其用

家禽可食用部分除了肉以外，头、爪、胗、肝、肠、肚、血液等均可用来烹制菜肴，在加工时应注意保存，以提高利用率，降低产品成本。

5.3.2　家禽初加工的方法

家禽加工程序较为复杂，要求严格，必须按正确的步骤进行操作。主要体现在宰杀、煺毛、剖腹及整理内脏几大环节。下面以鸡的初加工方法为例。

1）宰杀

宰杀前准备一个碗，碗内放少许盐和适量清水备用。宰杀时，用左手握住鸡翅，小拇指勾住鸡的右腿，腾出大拇指和食指捏住鸡颈皮并反复向后收紧，使气管和血管突起在头根颈部，将准备下刀处的毛拔去，用刀割断气管和血管（刀口要小），并迅速将鸡身下倾（即头朝下、鸡尾朝上）使血液流入盐水碗中，再将血液与盐水搅匀即可。宰杀如图5.5所示。

A.　　　　　　　　　　　　　　B.

图5.5　宰杀

2）烫泡、煺毛

宰杀好的鸡，待其完全停止动弹后方可进行烫泡、煺毛。过早烫泡会引起鸡肉痉挛而造成破皮，过迟烫泡则禽体僵直，不易煺毛。

烫泡时水温要适中（一般为80～90 ℃），水温的变化要根据禽体的品种老嫩和环境温度等灵活掌握；水量要充足，保证将禽体烫匀、烫透，尤其是禽的头部、腋下、脚部老皮等。

煺毛时应掌握技巧，技术熟练的厨师讲究"五把抓"，即头、颈、背、腹、两腿各一把，禽毛即可基本煺净。烫泡、煺毛如图5.6所示。

A.

B.

C.

D.

图5.6　烫泡、煺毛

3）开膛取内脏

开膛的方法通常有腹开、背开、腋开3种。

（1）腹开

腹开适用于一般烹调方式。在鸡颈右侧靠近嗉囊处开一小口，轻轻取出嗉囊、食道和气管。再在肛门与鸡胸之间划一条5～6厘米的刀口，从刀口处用手轻轻掏出内脏，割断肛门与肠连接处，用清水冲洗干净即可。腹开如图5.7所示。

图5.7　腹开

（2）背开

背开适用于扒、蒸等烹调方式。用左手稳住鸡身，使鸡背向右，右手用刀顺背骨批开，掏出内脏（注意拉出嗉囊时用力要均匀适度），用清水冲洗干净即可。

（3）腋开

腋开适于整鸡去骨后填馅蒸或煨制。将鸡身侧放，右翅向上，左手掌根稳住鸡身，手指拘起鸡翅，用右手持刀在右翅下开一小口，再用右手中指和食指

无论采用哪种方法开膛取内脏，都应注意：一是去内脏时不能碰破肝胆；二是内脏中的胗、肠、肝、心等均可烹制菜肴，不能随意丢弃。

伸入将内脏轻轻拉出（注意拉出嗉囊、食道和气管时用力要适度），用清水反复冲洗干净即可。

4）洗涤

禽类经初加工处理后，最后为除去绒毛和洗涤。

（1）除去绒毛

禽类在宰杀、煺毛、去内脏后，其身体上残留了很多较细小的绒毛，不易清理干净，可将少许酒精（或高度酒）涂抹在禽体表面并点燃，烧去残留绒毛。

（2）洗涤

除正常冲洗禽身外，还应将易污染、藏污的部分洗涤干净，如口腔的洗涤，颈处气血管和甲状腺的清除，腹腔的洗涤等。

5.3.3 禽类加工实例

1）活鸡的初加工步骤

宰（割）杀→烫泡→煺毛→开膛取内脏→洗涤待用

先准备一个空碗，放入50克清水和3克食盐搅拌均匀，用来接鸡血。

（1）步骤1：宰（割）杀

宰杀时，左手握住鸡翅，小拇指勾住鸡的右腿，用大拇指和食指紧紧捏住鸡的颈部（要收紧颈部的皮，手指放在颈骨的后面，防止宰杀时割伤手指）。右手在下刀处（一般在第一颈骨处）拔去颈毛露出颈皮，然后右手执刀割断气管与血管（刀口要小，约1.5厘米长）。宰杀后，用右手握住鸡头向下倾，左手提高，使鸡脚向上，将血液放入准备好的碗内。放尽血液后，用筷子将血液和盐水搅拌均匀，使其凝结。

（2）步骤2：烫泡

待鸡停止挣扎之后放入80～90 ℃的热水中，先烫双脚，去掉鸡爪皮；再烫鸡头，剥去鸡嘴壳、煺去鸡头毛；然后烫翅膀和身体，依次煺毛；再煺颈部的细毛及余毛。煺毛手法是顺拔倒推（即凡是粗毛，要顺着毛根拔；厚毛、细毛要用手掌和手指配合逆着毛孔推）。

（3）步骤3：开膛取内脏

毛煺尽后，根据烹调要求开膛并取出内脏。

（4）步骤4：洗涤待用

把开膛的鸡放入盆内放水冲洗，将鸡腹内、体外血污、黏液、颈部淋巴等污秽全部去尽并冲洗干净，再将内脏洗干净即可。

活鸡的初加工方法，大型禽类都适用。

2）鸽子的初加工步骤

宰（溺）杀→烫泡→煺毛→开膛取内脏→洗涤待用

（1）加工方法1

用左手虎口握住鸽子的翅膀，右手抓住鸽子的头，浸入水盆里，直到鸽子窒息死亡。然后用60℃的温水浸泡鸽子，煺尽毛后，在鸽子的腹部或背部开口。剖开后将内脏除尽，用水冲洗干净即可。

（2）加工方法2

用左手的虎口将鸽子的翅膀握住，右手指将鸽子的嘴撬开，仍用左手按住，右手握小汤匙，将白酒灌入，直到鸽子的头歪倒在一边，然后用手轻轻地拔去毛，用刀在背部或腹部开一刀口，剖开后将内脏除尽，反复冲洗干净即可。

5.3.4 家禽内脏加工

家禽内脏多可食用，加工时应坚持物尽其用的原则，尽可能保留可食用部分。

1）肝

先摘去附在肝叶上的胆，再割去印在肝叶上的胆色肝，再将清理后的肝放在清水盆里，左手托起，右手轻轻地泼水漂洗，直至胆色转淡、肝色转白即可。

清洗时切忌用大水冲洗，用力要轻，防止肝破碎。

2）心

挤尽心基部血管内的瘀血，用清水洗净即可。

3）胗

用剪刀顺着胗上部的贡门和连接肠子的幽门管壁剪开，冲洗去胗内的污物，剥取内壁黄皮（俗称鸡内金，可做药用，具有健脾消食的功效），然后用少许食盐涂抹在胗上，轻轻地揉擦，除去黏液，用清水反复地冲洗至无黏滑感即可。胗的加工如图5.8所示。

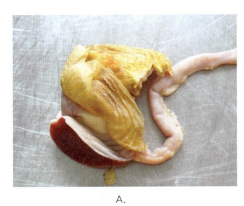

A.　　　　　　　　　　　　　　　　B.

图5.8 胗的加工

4）肠

先将家禽肠子理成直条，抽去附在肠上的两条白色胰脏，然后用剪刀头穿入肠子，顺着将肠子剖开，用水冲洗去肠内的污物，再将家禽肠放在碗内，加入食盐或米醋，用力揉擦除去肠壁上的黏液，用水冲洗数次，直到手感不黏滑，无腥臭气味即可。也可将处理洗净后的家禽肠放入沸水锅略烫一下取出。注意烫的时间不可过久，以免质感变老，难以咀嚼。

5) 油脂

家禽油脂常分布于禽体腹腔内和包裹在肠、胗的外面，经过加工，可以制成滋味清香、鲜浓、色黄而艳的明油。将洗净的鸡油切成小块，放入碗内，加入葱、姜、料酒，上笼蒸化后取出，除去葱和姜即可。用明油调制成的"鸡油芦笋""鸡油凤尾"等菜肴，口味鲜香，香而不腻。

任务4　家畜内脏初加工

家畜内脏包括肝、心、肾、肠、肺、肚等。由于这些原料大多污秽而且油腻，并带有腥臭气味，因此必须反复清洗。

5.4.1　家畜初加工的质量要求

1) 洗涤干净、除去异味

家畜内脏污秽而油腻，腥臭味较重，特别是肠和肚，若不清洗干净根本不能食用。

一般采用加入明矾、盐或醋等进行搓洗，以去掉原料中的黏液及异味，而后用清水冲洗干净即可。

2) 应遵循加工后不改变原料质地，保存营养的原则

家畜内脏初加工的根本原则是除尽杂质异味，改进原料风味。但也应注意每一种原料都有其固定的质地和营养成分，因此，在原料初加工时，应尽量避免因过度加工或不当加工造成的原料固有质地的变化或营养流失。

3) 严格质量鉴定，重视净料保管

家畜内脏里的污物很多，极易造成污染。如果搁置时间较长，其异味就很难去除，且容易发黑。因此，初加工前必须做好原料质量的鉴定并及时加工处理，加工好的净料要保管得当，防止污染腐败，并尽快用于烹调。

5.4.2　家畜内脏初加工常用方法

1) 里外翻洗法

里外翻洗法用于肠、肚等内脏的里外翻洗加工，有利于保证原料的内外清洁卫生。

2) 搓洗法

搓洗法用于洗涤黏液、污秽较多的内脏，如肠、肚等。一般是先用盐、醋、明矾等搓洗，再用清水洗净污物、油腻、黏液，此法还有去除异味的作用。

3) 烫洗法

烫洗法是将内脏投入开水锅中稍烫，当内脏开始卷缩、颜色转白时立即捞出，再用刀刮洗的方法，如肠、肚、舌、爪的加工。

4) 刮洗法

刮洗法用于去掉原料表面的黏液、污物以及去掉一些内脏的硬壳等。多结合烫洗法进行，如舌头先烫至舌苔发白后再用刀刮去舌苔清洗干净即可。

5）灌水冲洗法

灌水冲洗法主要用于肺的洗涤，因为肺的气管和支气管组织复杂，气泡多，血污不易清除。应将肺管套在水龙头上，使水灌入肺中致使肺叶扩张，从而去除血污，直至肺叶颜色发白，再剥去肺外膜洗干净即可。

6）清水漂洗法

清水漂洗法用于质地较嫩、易碎原料的洗涤加工，如家畜的脑、髓、肝等。

5.4.3 畜内脏的加工实例

1）腰的初加工步骤

腰在加工时要注意撕去纤维膜（俗称外皮），剖开后片去髓质部（俗称腰臊），才可用于制作菜肴。腰的初加工步骤如图5.9所示。

A.用手撕油膜

B.平放侧刨为两片

C.片去腰臊

将腰刨为两片，以及片去腰臊时，使用的均是拉刀法。

图5.9 腰的初加工步骤

2）肠的初加工步骤

剥去外面油脂→翻转洗去污物→加醋反复搓洗→清水洗净→再翻转揉搓、冲洗干净

将肠放在盆内，加入少许食盐或醋，用双手反复揉搓，直至肠上的黏液凝固脱离，用冷水反复冲洗。然后将手伸入肠内，把口大的一头翻转过来，用手指撑开，灌注清水，肠受到水的压力，就会逐渐地翻转，等肠完全翻转后，用手摘去肠内壁上附着的脂肪、污物，若无法摘去的，也可以用剪刀剪去，再用清水反复冲洗干净。用上述的套肠方法，将肠翻回原样。将洗干净的肠投入冷水锅，一边加热一边用手勺翻动，待水烧沸，肠收缩凝固，捞出，冲洗干净即可。肠的初加工步骤如图5.10所示。

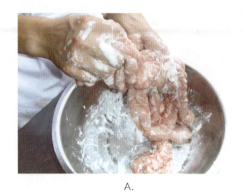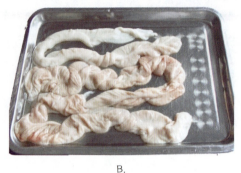

A.　　　　　　　　　　　　　　　B.

图5.10　肠的初加工步骤

3）肺的初加工步骤

将肺主管套在水龙头上→用水反复冲洗至肺叶变白→剥去肺外膜→洗净待用

用手抓住肺管，套在水龙头上，将水直接通过肺管灌入肺叶内，等肺叶充水胀大，血污外溢时，将肺取下平放在空盆内，用双手轻轻地拍打肺叶，倒提起肺叶，使血污流出，如水流出的速度很慢，可以将双手平放在肺叶上，用力挤压，将肺叶内的血污放出来。按这种方法，重复3~4次，至肺色发白，无血污流出时，再用刀划破肺的外膜，用清水反复地冲洗干净。肺的初加工步骤如图5.11所示。

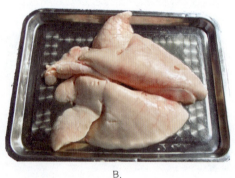

A.　　　　　　　　　　　　　　　B.

图5.11　肺的初加工步骤

4）猪舌的初加工步骤

冲洗→沸水刮洗→洗涤整理

先将猪舌冲洗干净，然后放入沸水锅烫泡。应掌握好加热时间，时间过长，舌苔发硬不易去除；时间太短，舌苔也无法剥离。待舌苔发白立即取出，用刀刮剥去除白苔，再用清水冲洗干净，并将淋巴去除。猪舌的初加工步骤如图5.12所示。

A.

B.

C.

图5.12 猪舌的初加工步骤

5）猪肚的初加工步骤

洗去表面污物→翻转搓洗→沸水烫泡→刮去白苔→浸泡干净

将猪肚放入盆内，放入食盐和醋，用双手反复地揉搓，使猪肚上的黏液凝结脱离，然后用水洗去黏液。将手伸入猪肚内，用手抓住猪肚的另一端，翻转过来，仍加食盐和醋揉搓，洗去黏液。然后将猪肚投入沸水锅内进行刮洗，待猪肚的内壁光滑，再将猪肚翻过来，投入冷水锅，一边加热，一边用手勺翻身，等水烧沸，就可以去掉猪肚的腥臭味，然后将猪肚浸泡在冷水内即可。

6）猪脑的初加工步骤

挑出血丝→漂洗干净

先用牙签剔去猪脑的血筋、血衣，盆内放些清水，左手托住猪脑，右手泼水轻轻地漂洗，按此方法，重复3～4次，直到水清、猪脑无异物脱落即可取出。由于猪脑的质地极其细嫩，洗涤要十分小心，稍有不慎，容易使原料破损，因此切不可用水直接冲洗。

任务5 水产品初加工

5.5.1 水产品初加工的质量要求

1）了解原料的组织结构，去除不可食用部分及污物杂质

水产品带有较多的血水、黏液、寄生虫等污秽杂物，并有腥臭味，必须除尽，达到卫生要求，保证菜肴质量。

2）根据烹调成菜的要求进行加工

水产品的品种较多，要按照不同用途及品种进行初加工。如一般鱼类都须去鳞，但是鲥鱼就不能去鳞；多数鱼类要剖腹取出内脏，而黄鱼则要根据要求不剖腹，而是从口中将内脏卷拉出来，使之保持鱼体的形态完整等。此外，在加工中还要注意充分利用某些可食用部位，避免浪费，如黄鱼鳔、青鱼的肝肠等均可食用。

3）切勿弄破苦胆

一般淡水鱼类均有苦胆，若将苦胆弄破，则胆汁会使鱼肉的味道变苦，影响菜肴的质量，甚至无法食用。

5.5.2　水产品初加工的方法

水产品通常是指长期生活在水中的所有生物原料，根据其生长的水源不同，可分为海水产品和淡水产品。

1）普通常见鱼的初加工

通常使用的加工步骤为：刮鳞→去鳃→开膛去内脏→洗涤

（1）刮鳞

鱼鳞质地较硬一般无食用价值，在加工时应刮除干净。

（2）去鳃

鳃是鱼的呼吸器官，往往夹杂一些泥沙、异物，应去除干净。

（3）开膛

鱼类开膛方法应视烹调用途而定。一般用于红烧、清炖的鱼类应剖腹去内脏，用于出骨成菜的应采用背部开膛的方法。另外，有些鱼类在加工时为了保持鱼体外形完整，用筷子从鱼口中将内脏绞出，如清蒸鳜鱼等。

（4）洗涤

因鱼类腹腔中污血较多，尤其是一些池养鱼腹腔内有一层黑膜（俗称黑衣），腥味尤重，在洗涤时应清除干净。

2）虾蟹类的初加工

虾蟹属于节肢动物类，生活在淡水或海水中，虾类主要有龙虾、龙虾仔、基围虾、对虾、毛虾、河虾等。蟹类主要有肉蟹、膏蟹、花蟹、雪蟹等。

（1）虾类

剪去虾枪、须，挑出头部沙袋，从背脊处用刀划开，剔去虾筋、虾肠即可。

（2）蟹类

用刷子将蟹壳洗刷干净，去除蟹壳，用清水清洗干净即可。

3）龟鳖类的初加工

龟鳖属于爬行纲龟鳖目，其生命力较强。为防止加工时咬伤人，一般先宰杀后清洗。

其初加工步骤为：宰杀→烫泡→开壳去内脏→洗涤

（1）宰杀

常用的方法是：一种是将甲鱼腹部向上放在案板上，等其头部伸出支撑欲翻身时，用左手握紧颈部，右手用刀切开喉放尽血。另一种是用竹筷等物让其咬住，随即用力拉出头并迅速用刀切开喉部放血。

（2）烫泡

根据甲鱼质地老嫩和加工季节不同，准备一锅70～100 ℃的水，放入甲鱼，烫3～5分钟，取出用刀刮去脂皮、杂物。

（3）开壳去内脏

用刀剔开裙边与鳖甲结合处，掀开甲壳，去除内脏，用清水洗净血污即可。

4）软体动物的初加工

软体动物是低等动物中的一门，身体柔嫩，不分节。因为大多数软体动物都有贝壳，故通常又称为贝类，其主要种类有鲍鱼、田螺、青口、扇贝、蛤蜊等。

（1）鲍鱼

主要食用部分为肥厚的足块，加工时一般先用清水洗净外壳，投入沸水锅中煮至离壳，取下肉，去其内脏和腹足，用竹刷将鲍鱼刷至白色，用清水洗涤干净。

（2）田螺

常见且分布较广的是中国圆田螺，主要生长于淡水湖泊，加工方法是用清水加入食盐，将田螺放入盆内泡两天，使其吐尽泥沙，反复清洗干净，用钳子钳去尾壳即可。另外一种方法是将其用沸水煮至离壳，用竹签挑出螺肉，洗净即可。

（3）扇贝

采用专用工具将壳撬开，剔除内脏，洗去泥沙即可。

（4）蛤蜊

加工时，首先将活蛤蜊放入2%的盐水中促使其吐出腹内泥沙，然后将其放入开水锅中煮至蛤蜊壳张开捞出，去壳，留肉，用澄清的原汤洗净，可使用类似加工方法的原料有竹蛏等。

（5）蛏子

将两壳分开，取出蛏子肉，挤出沙粒，用清水洗净即可。

5.5.3 水产品加工实例

1）鲫鱼的初加工步骤

刮鳞→去鳃→开膛去内脏→清水洗净待用

左手按住鱼头，右手握刀从尾至头刮去鱼鳞，再用手挖去鱼鳃，然后用刀或剪刀从肛门至胸鳍将腹部剖开，并将腹内黑膜剥去，最后冲洗干净即可。鲫鱼的初加工步骤如图5.13所示。

A.刮鳞

B.去鳃

C.开膛去内脏

D.冲洗干净备用

图5.13　鲫鱼的初加工步骤

2）黄鳝的加工步骤

（1）鳝丝：泡烫→洗涤

将黄鳝放入盛器中，加入适量的盐和醋（加盐的目的是使鱼肉中的蛋白质凝固，"划鳝丝"使鱼肉结实；加醋的目的是便于去除腥味和黏液）。然后倒入沸水，立即加盖，用旺火煮至黄鳝嘴张开，捞出放入冷

鲫鱼的初加工方法几乎适用于所有普通鱼类。

水中浸凉洗尽白涎，然后用竹刀（竹制刀）从鳝鱼颈部刺入，紧贴脊骨划成鳝丝，再切断备用。

（2）鳝片：出骨→洗净

先击鳝鱼头部，将头钉于木板上，以左手紧握鳝身，右手用刀从鳝颈部横割一刀，然后用刀尖贴进背脊骨往下拉到尾部，剔净脊骨和内脏，切去鱼头，用5%的盐水洗净备用。

3）甲鱼的加工步骤

宰杀→烫皮→开壳→取内脏→焯水→洗涤

将甲鱼腹面朝上，待甲鱼伸出头时，对准颈部用刀割断血管和气管，放尽血后放入70～100 ℃的热水中，烫泡2～3分钟取出（水温和烫泡时间可根据甲鱼的老嫩和季节的不同灵活掌握），搓去周身的脂皮。然后，从甲鱼裙边下面两侧的骨缝处割开，掀起背甲，挖去内脏后用清水洗净。另将甲鱼的肝、肠洗净备用。

4）对虾的加工步骤

（1）整虾：去须脚→去沙包、筋、肠→洗涤先将虾洗净，再用剪刀剪去虾枪、眼、须、腿，用虾枪或牙签挑出头部的沙包和脊背处的虾筋和虾肠，放在水中漂洗净即可。切不可用水冲洗，以防虾脑流出或虾头脱落。

（2）取虾仁：去壳→洗净

一般较小的虾，用手捏住虾的头尾部，用力从颈背部挤出虾仁。较大的虾则用手剥去虾壳，取出虾仁，去掉虾线，再用2%的盐水洗净即可。

5）田螺的初加工步骤

淡盐水活养→清水洗净→钳去尾壳→清水冲洗待用

新鲜的田螺体里藏有许多泥土，食用前除了清洗体表外，还要使其吐净脏腑泥土。其初加工方法是：先将田螺置于清水中，然后在水中滴入几滴菜籽油，2～3天就可以吐净泥土。

6）带鱼的初加工步骤

刮鳞→去内脏→清洗干净

因为带鱼的表面虽然没有鳞片，但是表面发亮的银鳞入口发腻，所以一般都要刮去。其初加工方法是：右手用刀从头至尾或从尾至头，来回刮动，刮去银鳞。然后，用剪刀沿着鱼背从尾至头剪去背鳍；再用剪刀沿着肛门处向头部剖开腹部，用手挖去内脏和鱼鳃，剪去尖嘴和尖尾，然后用水反复冲洗。洗去银鳞、血筋、淤血等污秽之物。

任务6　干货原料的涨发

干货原料，又称干货、干料，是将鲜活的动植物类原料在自然或人工条件下，经过脱水干燥处理，使水分降低到足以防止腐败变质的水平，从而可以长期保存的一类烹饪原料。

干货原料与新鲜原料相比，其具有干、硬、韧、老等特点。烹调之前必须先进行涨发，才能达到烹调与食用的要求。

干货原料涨发，是采用各种不同的加工方法，使干货原料重新吸收水分，最大限度地恢复其原有的鲜嫩、松软、爽脆的状态。同时，除去原料中的杂质和异味，便于切配、烹调和食用的原料处理方法。

干货原料经过合理涨发加工，将能最大限度地恢复其原有松软质地，提高其食用价值，增加良好的口感，有利于人体的消化吸收。除此之外，还可除去原料中的异味和杂质，便于刀工处理，提高烹饪价值。

5.6.1　干货原料涨发的要求

干货原料涨发效果，将直接关系到原料的烹调及菜肴的质量，尤其是高档原料（如鱼翅、燕窝等）涨发的质量，直接决定了菜肴的档次。因此，在操作过程中要求做到以下几点：

1）熟悉干料的产地和品种性质

同一品种的干货原料，由于产地、产期等的不同，其品种质量也有所差异。例如，山东产的粉丝与安徽产的粉丝，由于所用原料不同，其浸泡时间各不一样。山东产的粉丝，是用绿豆粉制成，耐泡；安徽产的粉丝是用甘薯粉制成，不适宜长时间浸泡。

2）能鉴别原料的品质性质

各种原料在质量上有优劣等级之分，正确鉴别原料的质地，准确判断原料的等级，是涨发干货原料成败的关键因素。

3）认真按程序操作

干货原料的涨发过程，一般分为原料涨发前的初步整理、涨发、涨发后处理3个步骤。虽然，每个步骤的要求、目的都不同，但它们又相互联系、相互影响，无论哪个环节失误，都会影响涨发效果。如涨发"干蹄筋"，在涨发之前必须将蹄筋在温油锅中浸泡一段时间，并在涨发中掌握好油发的火候及温度，最后在去油过程中使用恰到好处的碱量，才能达到涨发的要求。

5.6.2　干货原料涨发的方法

干货原料常用的涨发方法有水发、油发、碱发、火发、晶体发5种。

在具体操作运用中，水发又分为冷水发和热水发，而热水发包括泡发、煮发、焖发、蒸发等。除水发外，其他4种涨发都必须由水发来配合完成涨发过程。

1）水发

水发是将干货原料放在水中浸泡，使其最大限度地吸收水分、去掉异味、涨大回软的过程。

水发是运用最多，使用范围最广的涨发方法，除部分有黏性油分、有胶质及表面有皮鳞的原料外，一般干货原料都可采用水发。即使经过油发、碱发、火发、晶体发处理的干料，最后也要经过水发的过程。因此，水发是最普通、最基本的涨发方法。

（1）冷水发

把干货原料放在冷水中浸泡，使水分经细胞壁进入干货原料体内，水分的渗透扩散使干货原料体积逐渐膨胀，基本恢复到回软、松韧的原状，以便烹调使用。

 此法操作简便易行，能基本保持原料的韧性和鲜嫩口感。

①浸发。将干料放在冷水中浸泡，使其慢慢吸收水分，涨大回软恢复原来的形态，同时在浸泡过程中还可以浸出原料的异味。

浸发一般适用于形小、质嫩的原料，如竹荪、黄花、木耳、海带等，一般浸泡2～3小时后即可发透。此法还常用于配合和辅助其他发料方法涨发原料。

②漂发。把干料放在冷水中，用手不断挤捏或用工具使其漂动，将附着在原料上的泥沙、杂质、异味等漂洗干净。无泥沙、有异味的原料可用流水缓缓地冲漂，以除其异味。

（2）热水发

热水发是将干货原料放在热水或蒸汽中，利用热量的传导作用和膨胀作用，促使原材料加速吸收水分，从而使体积不断膨胀并恢复软嫩的加工方法。绝大部分动物类干货原料及部分植物类原料，都可采用热水涨发。在涨发时，应根据原料品种和质地的不同，采用不同的水温和加热形式。

①泡发。把干货原料直接放入热水中浸泡，分时段更换热水，使原料缓慢涨发的方法。操作中要注意应不断更换热水，以保持合适的水温。泡发适用

适用于冷水浸发的干货原料，也可用热水泡发。

于体小、质嫩的干料，如银鱼、粉丝、燕窝、腐竹、海带等。

②煮发。把干货原料放入水中，不断加热，使水持续保持在微沸的状态，促使原料快速吸水的方法。煮发适用于体大、质地坚实且带有浓重腥膻异味、不易吸水涨发的原料，如玉兰片、海参、鱼皮等。

③焖发。此法和煮发相辅使用，是煮发的后续过程。某些原料不能一味地煮发、涨发，否则会使原材料的外部组织过早发透，外层皮开肉烂，但是此时原料内部组织还没有发透，影响了涨发原料的口感。因此，我们在煮发到一定的程度时，要将原材料端离火口并加盖焖发，待水温下降后继续加热，通过反复加热，促使原材料内外均匀地吸水膨胀，以达到一致的涨发程度。焖发适用于体形大、质地坚实，腥膻臭异味较重的干料，如鱼翅、驼掌、海参以及鲜味充足的鲍鱼等。

④蒸发。将干货原料放入蒸笼中隔水蒸，利用蒸汽使原料吸水膨胀的方法。凡不适于煮发、焖发或焖后仍不易发透以及容易碎散的原料都可采用蒸发，如干贝、鱼唇、鱼骨、金钩、哈士蟆等。此类干货鲜味

为了提高涨发质量、缩短发料时间，在用热水发之前，干料可先用冷水洗涤和浸泡。

强烈，经沸水煮后往往鲜味受损，采用蒸发则可保持原来形态和风味特色。蒸发时还可以加入调味品或其他配料同蒸，增进原料的滋味。

2）碱发

碱发是将干货原料先用清水浸软，再放进碱性溶液中浸泡，利用碱的脱脂和腐蚀作用，使其快速回软的一种涨发方法。碱发能缩短发料时间，但会使原料的营养成分有一定的流失。因此，要谨慎运用碱发，使用范围仅限于一些质地僵硬、单纯用热水发不易发透的原料，如干墨鱼、干鱿鱼等。其他质地较软的干料都不宜碱发。

（1）生碱水发

一般先用清水把原料浸泡至柔软，再放入浓度约5%（即纯碱与水的比例为1∶20）的生碱水中泡发。涨发时，需要在80～90 ℃的恒温溶液中提质，并用开水去净碱味，使其具有柔软、质嫩、口感好的特点。生碱水发的原料适合用于烧、烩、熘、拌以及作汤等烹调方法。

（2）熟碱水发

一般用水和食用纯碱及生石灰，其比例为18∶1∶0.4。配制时先按比例将食用纯碱、生石灰、水充分搅匀静置澄清后，滤取澄清的碱溶液使用。涨发时可不加温，涨发透后捞出用清水浸泡并不断换水，消除碱味。此法泡过的原料不黏滑，柔软有韧性，适合于采取炒、爆等烹调方法进行制作的菜品。

碱发时需注意：

①在放入碱水之前应先用清水浸泡回软，以缓解碱对原料的腐蚀。

②根据原料的质地和季节的不同，要适当地调整碱溶液的浓度和涨发时间。

③碱发后的原料必须用清水漂洗，以清除碱味。

3）油发

把干货原料放入多量的油内浸泡并逐步加热，利用油的传热作用使原料膨胀疏松的方法。

这种方法是利用油的导热性使干货原料中所含有的少量水分迅速受热蒸发，促使其快速

膨胀，从而达到干货原料疏松的目的。适用于富含胶质和结缔组织的干货，如肉皮、蹄筋、鱼肚等。

具体操作方法是：将干燥、清洁、无杂质、无异味的原料直接下入适量的凉油或温油（60 ℃为限）锅中，使原料浸发至回软，待其回软后，体积缩小再升高油温，将原料浸泡至体积膨胀。若原料形体较大的，在油中浸泡回软后，可改刀成小块状再进行涨发，并根据用途决定涨发的程度。

油发过程中，需根据原料涨发的程度，灵活掌握火候，油温不宜过高，如火力太旺，会造成原料外焦而里面发不透。油发后的原料会有大量的油脂，使用前应先用碱溶液浸漂脱脂，并在碱溶液中进一步浸泡涨发，涨发透后再用水浸泡，去除碱味。

4）火发

火发主要是利用火烧燎除掉干货原料外表的绒毛、角质及钙质化的硬皮。

火发一般都要经过烧、刮、浸、滚、煨等几个工序，是某些特殊的干货原料在进行水发前的一种辅助性加工方法。需要注意的是，烧燎过程中，要掌握好烧燎的程度，可以采用一边烧燎一边刮皮的方法，防止烧燎过度损伤干货原料内部的组织。火发适用于驼峰、牛掌、乌参、岩参等原料的涨发。

5）晶体发

晶体发是把干货原料放入装有较大量食盐或沙的锅内加热，炒、焖结合，使之膨胀松泡的涨发方法。因为晶体发的原理与油发类似，所以用油发的原料也可使用晶体发，例如肉皮、蹄筋、鱼肚等。用晶体发胀后的原料松软有力，即使受潮的原料也可直接发而不必另行烘干，并可节约用油，但色泽不及油发的光洁美观，且发后都要用热水再泡发，并清除盐分及砂粒等杂质。有盐发和沙发两种。

（1）盐发

利用盐作传热媒介，来发制干货原料。操作中先把盐炒烫，使盐中水分蒸发，颗粒散开，下料后使用小火缓慢加热，以免外焦里不熟，特别是干料开始涨大时，必须要小火多焖勤翻炒，使原料四周及正反面受热均匀，回软卷缩，直至膨松。

（2）沙发

用干净的粗沙粒作为传热媒介来发制干货原料。其操作方法与盐发相同，但因干货原料附着的沙粒不易清除，故较少采用。

5.6.3　常见干货原料涨发实例

干货原料品种繁多，其涨发方法不尽相同。

1）植物性干货原料涨发实例

（1）木耳涨发加工步骤（冷水发）

浸发→去根及杂质→洗净

方法：将木耳（包括黑木耳、银耳）放在盛器内，加冷水浸泡2～3小时，使其缓慢吸水，待体积膨大后，用手掐去根部及残留的木质，然后用水反复冲洗，双手不断地挤捏，直到无泥沙时即可。

要求：吸水充分，形态完整，无杂质，色泽黑亮，涨发率达950%～1 200%。

（2）香菇涨发加工步骤（热水发）

泡发→剪去根蒂→洗净

方法：将香菇放在容器内，倒入70 ℃以上热水，加盖焖2小时左右，然后用手朝同一个方向搅动使菌褶中的泥沙掉落，片刻后，将香菇轻轻捞出，原浸汁水滤去沉渣留用。

要求：吸水充分，形态完整，无杂质，无硬茬，涨发率可达250%～300%。

（3）莲子涨发加工步骤（蒸发）

去皮→去心→蒸制

方法：将莲子倒入碱开水溶液中，用硬竹刷在水中搓搅冲刷，待水变红时再换水，刷3～4遍，莲子皮脱落，成乳白色时捞出，用清水洗净，滤干水后，削去莲脐，用竹签捅去莲心，洗净加清水，放蒸笼小火蒸15～20分钟，换清水备用。

要求：注意蒸发的时间，做到酥而不烂，保持原料外形完整。莲子的涨发率可达200%～300%。

（4）白果涨发加工步骤（蒸发）

破壳取仁→去皮、去心→蒸透

方法：先将白果放入锅用中小火炒至外壳变硬变脆，去掉外壳，再把果仁放入开水中煮约20分钟，搓去皮膜，然后将果仁加水上笼蒸15分钟取出，用开水氽一下，捞入盆内，用细竹签顶出白果仁的芯芽，倒入开水浸泡，即可备用。

要求：果仁皮、果心去净无残缺，蒸发透彻。白果的涨发率为200%。

（5）竹荪涨发加工步骤（热水发）

泡发→去杂质→洗净

方法：干竹荪涨发时用热水浸泡3～5分钟，捞出放温水加少许碱浸泡，去净杂质，漂洗干净，即可备用。

要求：色泽洁白，形态完整，竹荪的涨发率为200%。

（6）虫草涨发加工步骤（蒸发）

洗涤→去杂质→蒸发

方法：先将虫草放在盛器内，用冷水抓洗两遍，洗去泥沙，然后拣去杂草，放在小碗里，加入葱、姜、料酒、清汤或水，上笼蒸约10分钟，等到虫草体软饱满，即可取出待用。

要求：无杂质，无残缺，形态完整，涨发要彻底。虫草的涨发率为300%。

（7）海带涨发加工步骤（冷水发＋热水发）

泡发→去根及杂质→洗净

方法：将海带放在盛器内，先用冷水浸泡半小时，然后平放在水池内，一边冲洗，一边用细毛软刷把海带正、反两面刷洗一遍，刷去白色的泥沙和盐，再放在盛器内，用热水泡发10分钟（最好加盖焖一会儿），然后将已发透的海带取出，倒入少许米醋，双手不停地捏擦，使海带表面的黏液浮起，再用清水反复冲洗干净即可。

要求：注意避免涨发过度，引起海带爆皮破碎。干海带的涨发率可达700%～800%。

（8）玉兰片涨发加工步骤（热水发）

泡发→煮发→浸发→洗净

方法：玉兰片涨发时，可先用煮开的米汤浸泡十几个小时捞出，漂去黄色，放冷水锅内用微火慢煮，小火焖半小时另换开水浸泡10小时，随时将发透的玉兰片挑出使用，如果未发

透可重复煮泡，等全部涨发后放在凉水中浸泡待用。夏季要注意勤换水。

要求：涨发好的玉兰片色泽洁白、质地脆嫩，应避免涨发过度，而使玉兰片颜色变黑。玉兰片涨发率可达700%～800%。

2）动物类干货原料涨发实例

（1）海蜇涨发加工步骤（冷水发）

浸发→去黑衣→漂洗

方法：将海蜇皮放入盛器内，先用冷水浸泡2天，待海蜇皮回软、里衣皱起时捞出，用手剥或用小刀刮去海蜇皮的黑衣，然后放入木盆内，用水冲洗，双手不停地捏擦，直到去净泥沙。然后根据菜肴的要求，将海蜇皮加工成丝或小的片形，放在篮内并浸泡在盛器内，可以经常地用手搅拌换水，也可以用水漂洗数遍，以彻底去除海蜇皮内的泥沙。

要求：涨发至脆嫩状态即可。

（2）海参涨发加工步骤（热水发）

泡发→煮发→剖腹洗涤→煮（焖）发

方法：先将海参放入盆内，倒入开水浸泡至回软后，捞出放进冷水锅中烧开10分钟左右端离火口。浸泡几个小时，等到海参发软后，捞在开水盆内，用刀把海参的腹部划开，取出肠肚后洗净，再放入冷水锅中煮开后离火焖上，这样反复操作2～3次，直到海参柔软、光滑，捏着有韧性，放入开水中泡着待用。

海参在涨发过程中应注意：
1. 据海参的涨发程度，将已涨发好的选出，分类涨发。
2. 以焖发为主，煮只是起升温作用。
3. 涨发好后要经常换水，防止腐烂变质。
4. 在保养过程中不能沾油腻、碱、盐等具有腐蚀性的物质。

要求：海参的涨发率可达400%～600%。

（3）鱿鱼涨发加工步骤（碱发）

浸发→碱水发→漂发

方法1：生碱水发。先将鱿鱼用温水浸泡2小时（夏天用凉水），待泡软后，去掉头，撕去明骨和血膜，再将其放入50%的生碱水溶液中泡发至柔软，待完全涨发透后，反复用清水漂去碱味即可。

方法2：熟碱水发。先将鱿鱼用清水泡约5小时至回软，再将鱿鱼放进熟碱水泡约24小时，使其完全回软，刮去里皮，顺长切成两片，连碱水一同倒入锅内，旺火烧至微开后，将锅端离火口焖一会儿，水温下降后继续加热烧开，连续两次，待鱿鱼发至透亮时，将其捞入开水盆内，不等水凉就换开水。连续换3次水，直至鱿鱼完全涨发透（这一过程称为提质），使用时，去净碱味即可。

要求：发好的鱿鱼平滑柔软，呈白黄色，鲜润透亮，用手提有弹性。鱿鱼涨发率可达500%～600%。

发好的鱿鱼，如使用不完，需用开水加少许碱保养着，但使用时必须去净碱味。

（4）蹄筋涨发加工步骤（油发）

油发→碱水洗→清水漂洗

常见的蹄筋有猪蹄筋、牛蹄筋两种，其涨发方法有油发、盐发、水发3种，其中油发最常用。

方法1：油发。先将蹄筋放入热水中快速洗去污物和油脂，晾干水后放入冷油锅内，微火加热，不断翻动，蹄筋开始慢慢收缩，待出现白色小气泡时捞出。油温升至六成热时，再放入蹄筋，并不断翻动，直至蹄筋完全膨胀鼓起时取出，如果能轻松捏断蹄筋，证明已发好，如果捏不断就再放入热油锅炸发，直至涨发到饱满松泡为止，捞起放进热碱水中洗去油腻并使之回软，再换清水漂洗干净，另换清水浸泡待用。

方法2：盐发。先将食盐炒干，然后放入蹄筋并迅速翻炒，待蹄筋开始涨大时，埋进盐中焖透，然后继续翻炒，直到能掐断时，取出用热水反复漂洗干净待用。

方法3：水发。先用温水把蹄筋洗净，下锅煮2～3小时，捞起撕掉外层的筋皮并洗净，再放入锅加水用小火慢煨，直到煮透回软时捞出，用水泡上待用。

要求：蹄筋涨发率可达500%～600%。

（5）干贝涨发加工步骤（蒸发）

洗涤→蒸发

方法：先将干贝放在盛器内，用冷水抓洗几遍，洗去泥沙后，放入小碗内，加入葱、姜、料酒、高汤或水，上笼蒸10分钟，用手指能捻成细丝即可取出。也可放在冷水锅内，加入葱、姜、料酒，先用大火烧开，再改用小火煮半小时，煮至用手指能把干贝捻成细丝时取出。发干贝的汤汁是烹饪的好汤料，汤味鲜美，营养丰富，在烹制菜肴时加入可增加菜肴的鲜味。

要求：干贝涨发率可达250%。

（6）鲍鱼涨发加工步骤（热水发）

浸泡→煮发→焖发

方法1：水煮法。先将干鲍鱼用温水浸泡12小时，放入锅中或瓦罐内（罐内应放干净的稻草，以免鲍鱼粘锅，并加速鲍鱼涨发）用微火煮。煮至鲍鱼能用刀切成片或条时，立即起锅，连同原汤冷却，继续浸泡，随用随取，不必换水，以免鲍鱼返硬。

方法2：熟碱水发法。将干鲍鱼用水浸泡回软至无硬芯时取出，去杂质洗净，用刀平片两三刀（注意保持形体完整相连），放入熟碱水中浸泡，每隔一小时轻轻翻动一次，待鲍鱼面发光亮、内部已透明时捞出，漂洗去碱味，换清水浸泡备用。如未发透可再投入熟碱水里重复操作一次。发鲍鱼时注意季节和鲍鱼质地，老硬者泡发时间可长些。熟碱水配制比例：生石灰块50克，纯碱100克，加沸水250克搅匀，待溶化后，加冷水250克搅匀澄清，取清液使用。夏季碱水浓度可适当降低。

要求：鲍鱼涨发率可达200%～400%。

（7）燕窝涨发加工步骤（水发或碱发）

泡发→摘毛→焖发

方法1：水发。将燕窝用冷水浸泡2小时，捞出后用镊子除尽羽毛和杂质，然后放入沸水锅中，加盖焖约30分钟。若尚未达到所需要的柔软度，可换沸水再焖30分钟，至适用时捞出放入冷水中浸泡待用。也可先将燕窝放入50℃温水中浸泡，待水冷后，换70℃的热水继续浸泡至膨胀后取出，用镊子拣去羽毛等杂质，换冷水漂洗2次，放入80℃左右的热水中烫一下，洗净盛入碗中，小火蒸至松散软糯取出待用。

方法2：碱发。将燕窝放入盆中用温水浸泡，待燕窝回软后用镊子除尽羽毛和杂质，再用干净冷水漂洗2～3次，注意保持其形态完整，再另换冷水浸泡。使用前滤去水，用碱拌

和，一般50克燕窝用碱1.5克；如燕窝较老，可用碱2克，加开水提质，使燕窝进一步涨发，倒去一半碱水，再用开水提3～4次，体积膨大到约原来的3倍，手捻柔软发涩，一掐便断时即可，然后再用清水漂净碱味，放入冷水中浸泡待用。

发制燕窝时，应控制好水温与发制时间，要经常检查，视季节和燕窝质地加以调节，以防发不透留有硬芯，或发得过度而导致溶烂。发好的燕窝应尽快使用。涨发燕窝的水与工具、器皿都要清洁无油污，否则影响燕窝质量。除杂质时，最好盛入便于操作的白色盆内。

（8）鱼翅涨发加工步骤（热水发）

泡发→煮发（褪沙）→焖发

鱼翅主要采用水发，在水中经过反复泡、煮、焖、浸、漂等操作过程。由于鱼翅的品种较多，老嫩、厚薄、咸淡不一，因此，涨发加工也有差别。

①生翅。生翅是指没有褪沙和去粗皮的鱼翅。

方法1：涨发。涨发前将鱼翅的薄边剪去，以防止涨发时沙粒进入翅内。用冷水浸泡至鱼翅回软（约12小时），再将其放入沸水锅中焖至沙粒大部分鼓起时，用刀刮去粗皮、沙粒，边刮边洗，去净沙粒，切除腐肉部分。按鱼翅不同的老嫩、软硬分开，分别装入竹篮内，加盖焖4～6小时。焖透后，稍凉，趁热出骨，再焖约2小时（注意检查涨发程度），至全部发透时取出。然后，用清水洗净，去除异味，即成半成品。

方法2：蒸发。将已褪沙切去翅根的鱼翅放入蒸盆内，加清水、姜葱、料酒入笼蒸约2小时，去掉翅骨和翅肉，换清水和佐料再蒸约2小时，如此反复几次，直至鱼翅发透无异味，取出另换清水浸泡备用。

②净翅。净翅是指经过加工，去掉泥沙和粗皮的干鱼翅。

鱼翅在涨发时应注意：涨发前，须将鱼翅按大小、老嫩分开，分别处理，防止嫩的发烂、老的未发透；忌用铜、铁或带有碱、盐、矾、油的容器盛装，以防污染鱼翅造成黑迹黄斑，影响鱼翅质量；发好的鱼翅不能放在水中浸泡过久，以免发臭变质。

方法：只需用冷水或沸水浸发2～3天后，放在锅内煮至鱼翅露出时，取出净翅，仍用纱布包好，煮去樟脑味，然后用鸡汤煨制或上笼蒸软后，用清水浸泡待用。

③杂翅。嫩而小的杂翅干薄而坚硬，沙粒也较难除去，宜采取多焖的方法发料。

方法：焖发。先剪去翅边，放入清水内浸泡，待回软后又放入沸水内反复焖泡，直至能刮去沙粒为止，褪沙切去翅根后，其余涨发方法同"生翅"。只是注意检查，涨发透后即用清水漂洗备用。

（9）鱼肚涨发加工步骤（油发）

油发→温碱水浸泡→清水漂洗

方法：涨发鱼肚时，先将鱼肚放入温油锅中，并转用小火温透，轻轻上下翻动，不时将浮起的鱼肚压入油中，待涨发饱满松脆时出锅，用温碱水洗去油，再用清水漂洗4～5次即成。

涨发鱼肚时一般采用油发、盐发，涨发的原理与技术特点与发蹄筋、肉皮相同。但鱼肚厚薄、质量不一，操作时应掌握火候，一定要使用小火温透。随鱼肚质地种类的不同，加热时间也不同。由于口感的关系，一般不采用水发法，盐发时间较长，也不常使用。

（10）鱼皮、鱼唇涨发加工步骤（热水发）

泡发→煮焖、褪沙→煮焖→清水漂洗

方法：鱼皮等海味干货均采用水发法，一般是先浸泡至软，再放入冷水锅烧开煮15分钟左右，如果鱼皮已脱沙即可取出，再放入温水桶中焖6～8小时，捞出里外刮洗干净，放入开水锅中煮开，再小火焖1小时左右，捞出清水浸泡待用。鱼唇的发料方法与鱼皮基本相同，但焖的时间稍长。

操作涨发时，应根据干货原料的特点和性质，掌握好涨发时间。

（11）鱼骨涨发加工步骤（蒸发）

温水洗→开水浸泡→蒸发

方法：鱼骨主要用蒸发，先将鱼骨温水洗净，再用开水浸泡2小时至鱼骨胀起发白，捞出放入清水中拣去杂质洗净。再放入盛器加清汤、料酒上笼蒸约30分钟至发透。取出用清水浸泡，直至鱼骨颜色洁白、嫩脆、无硬质、形如凉粉即可放入开水中待用。也可以先将鱼骨用温水洗净，用干布擦去表面的水，放入盆内加少许豆油，搅拌均匀，直接上笼蒸透取出，再用开水浸泡涨发，待鱼骨呈洁白且无硬质时，即可使用。

要求：色白透明、嫩脆、无硬质、形如凉粉，鱼骨涨发率可达200%～400%。

（12）裙边涨发加工步骤（热水发）

煮发→煺表皮→焖煮→洗净

方法：裙边一般多用水发。先用清水将其洗净，放入锅内煮沸。泡软后，待水温下降后用小刀刮去表面黑皮和底层粗皮，再放入锅内用文火焖煮约3小时，至能去骨时捞出，拆去骨，用开水冲洗腥味，再用冷水浸泡待用。

操作涨发时，应根据原料的特点和性质，掌握好涨发时间。

（13）哈士蟆油涨发加工步骤（蒸发）

温水洗→泡发→蒸发

方法：哈士蟆油主要用蒸发。用时先将哈士蟆用温水洗去泥沙并浸泡3～4小时，取出橘子瓣状的哈士蟆油，放入容器中加清水（水量以能淹没哈士蟆为宜），上笼蒸到完全膨胀发软呈棉花瓣状取出晾凉即可。

要求：哈士蟆油涨发后的体积可达原体积的5倍。

（14）鹿尾涨发加工步骤（混合发法）

温水泡洗→烫发、煺毛→碱水洗、漂洗→蒸发

方法：先将鹿尾用温水浸泡，再逐渐换成热水，然后用沸水烫发、拔去长毛，用火燎去粗短的毛，用镊子夹净残毛后，再用碱水刷净尾上的油腻，漂洗除尽碱味后放入盆内，加姜、葱、料酒等淹没鹿尾，上笼蒸3小时左右，待膨胀软糯后，取出备用。

要求：涨发彻底，无明显碱味。

5.6.4　原料涨发后的保管

①所有经水发、油发、盐发、碱发或火发等涨发加工后的原料，都要浸在水里继续泡发。

②要勤换水，每天都需要把发料用的水盆放在水槽里，一边放水一边漂洗，并用手搅拌

一下，让原料上下翻身，以防止底层的原料发酵。

一般换水的频率是冬季每日1次，春秋季每日2次，夏季必须把原料放在盛器内，加满水，放入冰箱冷藏，温度控制在0℃左右，存放时间一般不要超过1周。

1. 鲜活原料的初加工方法有哪些？
2. 举例说明新鲜蔬菜的加工方法。
3. 为什么一般蔬菜都要先洗后切？
4. 简述家禽初加工的方法。
5. 家禽初加工要求有哪些？
6. 家畜内脏初加工要求有哪些？
7. 家畜内脏初加工的方法有哪些？
8. 鳝鱼的加工方法有哪些？
9. 试述甲鱼的初加工方法。
10. 什么是干货原料的涨发？其目的是什么？
11. 干货原料涨发的方法有哪些？各适用于什么原料？
12. 叙述海参、鱼翅、蹄筋的涨发方法及注意事项。

项目 **6**

火　候

【教学目标】

知识目标：了解火候的概念，火力的分类，掌握火候使用的基本原则。

能力目标：能正确鉴别与使用火力，掌握不同加热方式对原料的影响。

情感目标：养成良好的工作习惯，遵守操作规程，安全操作，预防受伤，避免厨房内的危险。

【内容提要】

1.火候的概念。

2.掌握火候的基本原则。

3.火力的鉴别与运用。

4.不同加热方式对原料的影响。

　　火候是指菜肴在烹制过程中，所用火力的大小、温度的高低、加热时间的长短。菜肴在烹制过程中，由于使用的原料品种众多，性能各不相同，质地有老有嫩、有硬有软，形态有大有小、有厚有薄，菜肴在成菜之后，风味质感各异，有的鲜嫩，有的软糯，有的香脆，有的酥松等。因此，这就要求运用各种不同的火力，掌握好加热时间和传热介质的温度，才能使菜肴达到色、香、味、形、质、营养俱佳的要求。

　　在烹制菜肴的过程中，由于烹制方法多样，对火候的要求也是多种多样的。而影响火候变化的因素又很多，火候随着火力的大小、热量传递的方式、原料的性状、原料投入的数量、加热时间的长短等方面的不同而有较大的差异。因此，学习看火技术，掌握和运用火候，是烹调人员必须具备的一项基本功。

任务1　火候的掌握

6.1.1　火力的分类

　　菜肴的烹制多数是用火来对原料进行加热的。我们常利用煤、电、气等做燃料所获得的

动力称为火力。火力的大小受炉灶的结构、燃料的性质及气候条件影响。因为我们烹制菜肴时也需要使用不同的火力来对原料加热，所以在烹调过程中火力是变化的且较为复杂。具体如何区分火力的大小，需要烹调人员通过感官确定。烹调人员一般是根据观察到的火焰的高低、火光的颜色、辐射的强弱来鉴别和掌握火力。

火力一般分为旺火、中火、小火、微火。

6.1.2 火力的鉴别与运用

火力的鉴别与运用见表6.1。

表6.1　火力的鉴别与运用

火力种类	火力特点及鉴别	运用范围
旺火	火力强而集中，火焰高而稳定，呈黄白色，光度明亮，热气袭人	常用于炒、爆、炸、蒸等快速烹调方法以及对原料进行焯水
中火	火力次于旺火，火焰略低但稳定，并较分散，呈红色，光度稍差，辐射热较强	常用于熘、卤、煮、烧、烩等中速烹调方法，烹制时间较长或不需要火力太大的菜肴
小火	火力较弱，火焰细小并摇晃，时起时落，呈青绿色，光度发暗，辐射热较弱	常用于烧、炖、煨等缓慢加热的烹调方法，适用于烹制时间长的菜肴
微火	火力微弱，有火无焰，红而无力，辐射热较弱	常用于烹制时间长的菜肴，如烧、煨、焖、炖等的辅助火力以及菜肴的保温

火力的运用，除直接观察火焰的高低、火光颜色和感受热度外，还应随时关注锅内温度的变化，依据烹制菜肴的需要来调节火力的大小。各种烹制方法，在火力的运用上也是各不相同：有的需先旺火后小火、微火；有的需先小火后旺火或先旺火，后中火再小火；有的需要多种火力交替使用。这主要依靠烹调人员丰富的实践经验来灵活掌握。

6.1.3 掌握火候的基本原则

掌握火候，是指在菜肴烹制过程中对火力大小和加热时间长短的合理运用，以达到控制传热介质温度和原料成熟度。菜肴烹制过程中应采用什么样的火力和传热方式，由原料的性质、形态和成菜后的特点确定。掌握火候的基本原则见表6.2。

表6.2　掌握火候的基本原则

项目（可变因素）		火　力	时　间	备　注
原料质地	质老、坚韧	中或小	较长或长	动物类原料与植物类原料有差异
	质嫩、细软、松散	旺	短	

项目（可变因素）		火　力	时　间	备　注
原料形状	大、粗、长、厚	中或小	较长或长	考虑原料质地的因素
	小、细、短、薄	旺	短	
投料数量	数量多	旺	较长或较短	泛指快速成菜的烹调方法的投料，如炒、炝、爆、炸等
	数量少	旺	短	
制取汤汁	奶汤	旺	长	—
	清汤	先旺后小或微	长	
烹调方法	炒、煸、熘、爆	旺	短	应根据原料的性质、质地、形状灵活掌握
	炸、烩、蒸、煮	旺或中	短或较长	
	烧	旺—小—中	长	
	焖、煨、炖	旺—小或微	长	
菜肴质感	嫩脆	旺	短	
	软、糯	中或小	较长或长	

1）适应烹调方法的需要

不同的烹调方法对火候的要求不同，有的需要旺火，有的需要中火，有的需要小火，有的需要先旺火后小火，有的需要先中火后旺火，甚至是多种火力交替使用；如"蒸"类菜肴中的"盐烧白"就需要旺火一气呵成；"蒸"花色菜肴需要中火；"蒸"贴类菜肴则需要小火。再如"烧"类菜肴，先旺火将汤汁烧沸，再用小火把原料烧入味、烧软，最后用中火收稠汤汁。因此，火候要适应烹调方法的需要，在烹调过程中灵活掌握。

2）适应原料种类和质地的需要

烹制不同种类和质地的原料需用不同的火候，如牛肉、鱼、土豆等，它们的种类与质地都不相同，所需火力和时间也不相同。总的来讲，质地细嫩的原料，应用旺火快速加热，以保持其细嫩；质地坚韧的原料，应用中火长时间加热，使原料纤维组织松软疏散，易于消化。故掌握火候要因料而施。

3）适应原料形状、规格和数量的需要

同一原料，由于形状、规格的不同，采用的火候也不同。体形大、粗长、厚的原料，加热时间应长些，否则不易熟透；反之，刀工处理后形状规格较小的原料加热时间应短，火应旺。原料的数量较多，须用较多的热量才能使其成熟，因此加热时间需要长一些。

4）适应菜肴风味特色的要求

菜肴风味有各种不同的要求和特色，如"炒肝片"要求成菜后肝片细嫩；"火爆肚头"则要求肚头脆爽；"咸烧白"要求肉质软糯；"干煸牛肉丝"要求肉丝酥香等。这就要根据菜肴的不同特点，采用相应的烹调方法，正确掌握烹制时火力的大小、加热时间和介质的温度，才能使烹制菜肴的火候恰到好处，以突出其风味特色。

5）根据原料在加热过程中形态和颜色的变化

原料在受热成熟的过程中，先从表面开始受热，再逐渐传入内部，同时原料内部受热到一定程度时，又会反映到原料的表面。原料的变化主要反映到原料的形态与颜色上。因此，只要掌握原料形态和颜色的变化规律，就可以掌控它们的成熟度和加热时间的长短。如"炒猪肝"，呈灰白色刚熟，呈乌红色则老；软状是生、伸板刚熟；"火爆肚头"，呈乳白色时刚熟，呈白灰色则老；制作"香酥鸭子"，在油炸前要将鸭子蒸软，由于经过长时间加热，鸭体结缔组织的生胶质被破坏，肌纤维分离，肉质柔软，这样鸭体胸部必然会陷落，鸭腿缩筋极易离骨，这就是鸭子已蒸软的特征。

此外，菜肴在烹制时还可用品尝的方法去鉴别原料质地软嫩酥脆的程度。有的可以用手掐或用筷子插入，去鉴别生熟。菜肴要达到预期的效果，除掌握火候外，烹调人员的操作方法也很重要。烹制菜肴时原料在锅内必须翻转均匀，使其受热一致，否则会出现生熟不匀，老嫩不均的现象。有些需用急火的菜肴，操作动作慢了也会影响菜肴质量。

如果菜肴是由几种原料组合而成的，还要根据各种原料的质地，按次序下锅，以便使各种原料成熟一致。

总之，要把火力的大小、传热的方式、加热的时间、原料的质地、形态、烹调方法以及菜肴风味特色等联系起来，灵活地运用，才能准确地掌握好火候。

任务2 加热对原料的影响

6.2.1 原料加热后的变化

原料在加热过程中，会发生各种物理变化和化学变化。了解这些变化，对恰当掌握火候，最大限度地保持食物中的营养成分，烹制出色、香、味、形俱佳的菜肴有一定的帮助。

原料在锅中受热后的变化跟原料的特性与所用的烹调方法有密切关系。加热对原料有以下几个方面的作用：

1）分散作用

分散作用包括吸水、膨胀、分裂、溶解等。例如，新鲜的蔬菜和水果中水分较多，加热前原料形状一般都很饱满。加热时，各细胞间的植物胶素受热软化与水溶合成胶液，细胞膜破裂，会渗出些汤汁。淀粉在热水中吸水膨胀，使淀粉粒分离而形成糊状。

2）水解作用

水解作用是指原料在水中加热时，原料中的分子通过热水的作用，分解成小分子，便于人体吸收利用。烹饪原料有很多都会起水解作用，如淀粉会水解为糊精，蛋白质水解成各种氨基酸，肉类结缔组织中的生物胶质水解后出现较大的亲水性的动物胶原蛋白。

3）凝固作用

凝固作用是指原料中所含的水溶性蛋白质在加热过程中发生的凝结现象。如鸡蛋受热后结成块状，血液中的血红蛋白加热到35 ℃时便结成块状。因为这种凝结的强度随加热时间的增长而增强，所以这类原料加热时间不宜过长，否则会变硬、鲜味减少，而且不利于消化。蛋白质胶体溶液在受热时加入电解质，也会产生凝结，如豆浆中加入石膏会使蛋白质凝结加快，变成豆腐。在制汤或烧肉时过早加入盐（电解质）会使蛋白质过早凝结，其原料的

78

营养成分很难溶解于汤汁中，影响汤汁的鲜味和浓度，肉质也不易酥烂。

4）脂化作用

脂化作用是指脂肪与水一同加热时，一部分水解为脂肪酸和甘油。如加入酒、酱油、醋等物质，能与脂肪酸结合而成具有芳香气味的脂类。因为脂类物质易挥发，且具有芳香的气味，所以动物类原料在烹调时加入调味品后会有香味渗出。

5）氧化作用

因为氧化作用是指烹饪原料中所含的多种维生素在加热后或与空气接触后，容易被氧化、破坏，这些维生素在与碱性溶液、铜、盐接触后会快速氧化，特别是其富含的维生素C最易被氧化破坏，所以，在烹调蔬菜类原料时，加热的时间不宜过长，更不宜放碱、苏打或使用铜制器具。

此外，烹饪原料在加热过程中还会发生各种变化，如糖受热易产生焦糖化反应等。

6.2.2 不同加热方式对原料的影响

原料在烹制中，经过一定温度和时间的加热，会发生由生到熟的变化。这种变化，是质的变化。由于各种原料的质地、性能不同，因此在由生变熟的过程中，质的变化也不相同。这种质的变化，往往与传热介质紧密相关。因此，了解不同传热介质与菜肴质感之间的对应关系，是我们学习各种烹调方法、掌握各种传热介质特征的重要环节。

中式烹调方法多种多样，归纳起来，原料的加热方式主要有用油传热、用水传热、用蒸汽传热和热空气传热。下面从这4种加热方式入手，谈谈不同加热方式对原料的影响。

1）用油传热

在烹调中，以油为传热介质，原料经过炸制、走油（过油）、拉油（划油）等加热程序的，均属于油传导加热。油传导加热的方法主要有炸、煎、熘、炒、贴等方法。用油传导加热方式烹制的菜肴，一般多用旺火，可使原料成熟后具有酥、脆、干香和嫩的效果。在以油为传热介质的高温作用下，原料骤然受高热并很快干燥，形成一层薄膜而变酥变脆，同时，原料内部的水分来不及溢出，可使原料里层保持鲜嫩。原料中所含的脂类物质因高温而气化，故香味四溢。

2）用水传热

在烹调中，原料经过水（包括汤）的加热程序的，均属于水传导加热。以水传导加热的烹调方法主要有涮、煲、煮、汆、烩、烧、卤、酱、熬、炖等。用水传导加热方式烹制的菜肴，一般多用中火或小火，原料中的营养成分多溶于水，形成软、糯、汤汁鲜美的特点。但是，对蔬菜尤其是新鲜绿叶菜，必须沸水下锅，这样就可减少维生素C等的损失，并保持鲜翠。

3）用蒸汽传热

在烹调中，原料经过蒸箱或蒸笼、蒸锅等加热程序的，均属于蒸汽传导加热，以蒸汽传导加热的烹调方法称为"蒸"。以蒸汽传热，原料受热均匀，可以加快成熟，减少水分流失，可使菜肴柔软鲜嫩，保持原料的形态完整，营养素也损失较少。

4）热空气传热

在烹调中，原料经过烤箱、烤炉或微波炉等加热程序的，均属于热空气传导加热；以热

空气传导加热的烹调方法，称为"烘烤"。烘烤是使食物在干燥的空气中受热，表面干燥，浆汁溢出原料表面，在受到高温时，立即凝结成薄膜，防止原料内部水分继续外溢。因此，采用烘烤烹制的菜肴具有外部干香、内部鲜嫩的特点。

> 除上述加热方式外，个别特殊菜肴还采用固体物质传热，如用盐、沙粒等。

 思考题

1. 什么是火候？火力有几种？怎样鉴别火力？
2. 掌握火候的原则有哪些？
3. 原料受热时，会发生哪几种变化？
4. 如何根据原料的质地与形状控制火候？

项目 **7**

预熟处理

预熟处理是指根据菜肴成菜的要求，把经过初加工的烹饪原料，放入油、水或蒸汽等传热介质中进行预先加热，使其达到半熟或刚熟，以备正式烹调所用。预熟处理常用的方法，一般有焯水、过油、走红、汽蒸等。

预熟处理是正式烹调前的准备阶段，它与菜肴的成菜质量密切相关，如果这道工序不符合要求，就会影响成菜的质量。因此，在预熟处理时，应根据原料的性质掌握好加热的时间，根据菜肴成菜和切配成形的要求，掌握好原料的成熟度，根据原料的特殊性质分别进行处理，根据原料成菜的要求选用适当的预熟处理方法。

任务1 焯 水

焯水就是把经过初加工或刀工处理后的原料，放入沸水中加热至半熟或刚熟的状态，随即取出以备进一步切配或烹调所用。需要焯水的原料比较广泛，大部分蔬菜及一些含有血污或有腥、膻、臊等气味的动物类原料，在烹调成菜前都应进行焯水。

81

7.1.1 焯水的作用

1）可以使蔬菜色泽鲜艳

绝大多数新鲜蔬菜都含有丰富的叶绿素。新鲜蔬菜加热时，其叶绿素中的镁离子与蔬菜中的草酸易形成脱镁叶绿素，使蔬菜颜色变暗。而焯水可有效除去蔬菜中的草酸，防止产生脱镁叶绿素，从而保持蔬菜鲜艳色泽。

2）可以除异味排污，便于营养成分的吸收

苦味、涩味、腥味、膻味、臊味、臭味、辛辣味等异味在一些烹饪原料中广泛存在，但易溶于水，因此，通过焯水可去掉其异味。同时，通过焯水还可以使动物类原料中的血污排出。有些植物类原料含有较多草酸，如菠菜、茭白、玉兰片等，草酸与其他原料中的钙质结合生成草酸钙，影响人体对钙质的吸收，焯水可有效去除草酸，提高人体对营养成分的吸收。

3）调整原料的成熟时间，缩短正式烹调时间

各种原料由于质地不同，加热成熟的时间也不相同，有些原料易熟，而有些则需要较长时间加热才能成熟。如肉类原料普遍比蔬菜类原料加热时间长，禽类原料的加热成熟时间较畜类原料短，而蔬菜类中的白萝卜、胡萝卜等原料，其加热成熟时间也不一致。这就需要将不易成熟的原料，先进行焯水，从而使正式烹调时各种原料成熟的时间基本一致。经焯水后的原料达到半熟或刚熟状态，因此还可大大缩短正式烹调的时间。

4）使原料便于去皮或切配加工

一些原料去皮比较困难，而焯水后去皮就比较容易，如山药、芋艿等。另一些原料焯水后的熟料比生料更便于切配加工，如肉类、笋、茭白等。

7.1.2 焯水的方法

焯水一般可分为冷水锅焯水和沸水锅焯水两类。

1）冷水锅焯水

（1）方法

原料和冷水同时下锅加热。

（2）适用范围

这种方法适用于腥、膻、臊等气味较重、血污较多的动物类原料，如牛肉、羊肉和动物的心、肚、大肠等内脏。因为动物类原料如果在水沸后下锅，表面蛋白质会因骤然升温而立即收缩，形成一层保护膜，内部的血污和异味就不易排出，所以动物类原料应与冷水同时下锅。

（3）操作要领

在冷水锅焯水的过程中，要注意经常翻动，使原料各部位受热均匀；焯水时应根据原料性质和不同的烹调要求，有顺序地投入，防止加热时间过长，使原料过熟不符合烹制菜肴的要求；对含血污重的动物类原料进行焯水时应随时去掉浮沫。

2）沸水锅焯水

（1）方法

先将锅中的水加热至沸，再将原料放入，断生后立即取出，迅速降温备用。

（2）适用范围

此法适用于需要保持色泽鲜艳、口感脆嫩的蔬菜类原料，如菠菜、胡萝卜、莴笋、豇豆等。因为这些蔬菜体积小，含水量多，叶绿素、花青素、胡萝卜素等呈色物质含量丰富，如果冷水下锅，加热时间过长，水分和各种营养成分流失大，既不能保持鲜艳的色泽，又影响味美脆嫩的口感，所以必须在水沸后投入原料，并继续用旺火快速加热。此法还适用于腥、膻等气味较小、血污少、体积小的动物类原料，如鸡、鸭、鱼等。对这一类原料，在焯水前必须洗净，放入沸水中焯水，但不能久焯，否则会损失原料的鲜味，焯水后的汤汁可保留，以供制汤、烧烩菜肴使用。

（3）操作要领

采用沸水锅焯水，应做到水要宽、火要旺、操作要迅速。植物类原料焯经焯水捞出后，应迅速用凉水降温，或摊开晾放，直至完全冷却。

7.1.3　焯水的原则

1）恰当掌握各种原料的焯水时间

各种原料有大小、粗细、厚薄、老嫩、软硬之分，因此在焯水时间上应区别对待。根据原料的性质正确控制好焯水的时间，使焯水后的原料符合烹调的要求。

2）防止互相串味、串色

有特殊气味的原料应与一般性原料分开焯水，如芹菜、牛肉、羊肉、肠、肚等，不宜与无特殊气味的原料同时下锅焯水，以免串味。深色的原料应与浅色的原料分开焯水，以免浅色的原料沾染上颜色而影响美观。

3）采取正确的方法焯水

要熟悉各种原料的不同性能选择沸水锅焯水或冷水锅焯水。

7.1.4　焯水工艺流程

焯水工艺流程如图7.1所示。

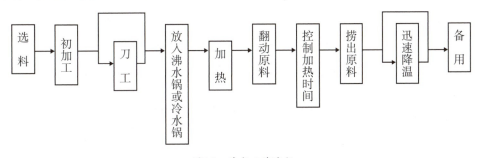

图7.1　焯水工艺流程

任务2　过　油

过油又称"油锅"。它是以食用油脂为传热介质，把已加工成形的原料，放在油锅内

加热至熟或炸制成半成品的预熟处理方法。过油在烹调中是一项重要的操作技术，对菜肴的质量影响很大。过油时，火力的大小、油温的高低、投料数量与油量的比例、加热时间的长短，都要恰当掌握，否则会因达不到要求而影响成菜的质量。

7.2.1　过油的作用

1）使原料成菜后有滑嫩或酥脆的质感

原料在过油前挂上不同的糊浆，过油时采用不同的油温加热，便会获得滑嫩或酥脆不同质感的半成品。

2）保持或增加原料的鲜艳色泽

烹制"油滑虾仁"时，虾仁与蛋清豆粉拌匀后，入锅用油滑熟，其色泽更加洁白如玉；烹制"脆皮鱼"时，鱼与湿淀粉黏裹后，入锅炸制成初坯，其色泽呈浅黄色。故原料采用不同的辅料性糊浆，不同的油温过油，会得到不同的呈色效果。

3）能丰富菜肴的风味

原料在过油时，由于油脂富于香味，且在不同的油温作用下，能使原料除去异味，增添香味。

4）保持原料形态完整

原料经油炸制，其表面蛋白质会因高温而凝结成一层保护膜，不但能保持原料内部的营养成分、水分和鲜香味不外溢，而且能保持原料形态完整，使原料在烹制中不易碎烂。

7.2.2　油温的识别和掌握

1）油温的识别

油温是指油在锅中加热后达到的温度。在烹调过程中，不可能随时用温度计来测量油温，因此往往凭烹调人员丰富的实践经验来鉴别油温。油温的识别见表7.1。

表7.1　油温的识别

油温成数（温度）	油温现象	实际运用
3～4成　低油温 （90～130℃）	无青烟，无响声，油面较平静	适用于熘制菜肴或干料涨发，有保鲜嫩或破坏干料结缔组织的作用
5～6成　中油温 （130～170℃）	有少量的青烟从四周向锅中间翻动，搅动时有微响声	适用于炒、烩、炸等烹制法，有酥皮增香、不易碎烂、定型的作用
7～8成　高油温 （170～230℃）	冒青烟，油面平静，搅动时有响声	适宜于爆、重复炸、煎等烹制法，有脆皮和凝结原料表面、原料定形、增色的作用

2）油温的掌握

影响油温高低的因素较多，但归纳起来，主要有以下3点：

（1）火力大小的因素

用旺火加热，原料下锅时，油温应低一些，因为旺火可使油温迅速升高。如果原料在火力旺、油温高的情况下入锅，极易造成原料粘连和外焦而内生。用中火加热，原料下锅时，油温应高一些，因为用中火加热，油温回升较慢。入锅原料在火力不太旺、油温低的情况下

84

入锅，油温会迅速下降，会使原料脱芡、脱糊。

（2）投料数量多少的因素

投料数量多，下锅时油温应高一些，因为原料本身是冷的，下锅时油温迅速下降，而且投料越多，油温下降的幅度越大，回升越慢；反之，投料数量少，下锅时油温应低一些。

（3）原料的性质和规格的因素

质地细嫩或形态小的原料，下锅时油温应低一些；质地粗老、韧硬和整形、大块的原料，下锅时油温应高一些。

> 以上各方面都不是孤立的，必须综合考虑、灵活掌握，正确地控制油温。

7.2.3 过油的方法

按照油温的高低，油量多少和过油后原料质感的不同，过油的方法可分为滑油和走油。

1）滑油

（1）方法

滑油又称为划油、拉油，是指用中等油量，3～4成的低油温，将原料滑散成半成品的一种预熟处理方法。滑油时，多数原料要上浆，使原料不直接同油接触，水分不易渗出，以保持其鲜香、细嫩、柔软的质感。少数原料要求质感酥脆，也可直接用3～4成的低油温浸炸。

（2）使用范围

滑油适用范围较广，多为动物类原料，如鸡、鸭、鱼、虾、猪肉、牛肉、羊肉、兔肉等。原料多以丝、丁、片、粒、块等型小的状态出现。主要用于滑炒、鲜熘等烹制法，如滑炒肉片、鲜熘鸡丝等。

（3）操作要领

锅要洗净、炙好，倒入质好色浅的油脂。原料应抖散下锅，防止粘连。油量要适中，油量一般为原料的3～4倍，油温应控制在3～4成。油温过高或过低都要影响原料的滑嫩程度和色泽。

2）走油

（1）方法

走油又称跑油、炸等，是指用大油量，5～6成或以上的油温，将原料加热定形成半成品的一种预熟处理方法。走油时，因油的温度较高，能迅速除去原料的水分，可使原料达到定形、色美、酥脆或外酥内嫩的效果。要使原料达到外酥内嫩的效果，可重复油炸，即把经过挂糊后的原料放入5～6成油温、中等火力的锅内炸至定形后捞出，再放入7～8成高油温旺火的锅内炸一下捞出，可达到外酥内嫩的效果。要使原料内外酥脆，应将原料放入5～6成油温、中等火力的锅内炸一下，再改用中小火，在5～6成油温锅中继续炸至酥脆。

（2）使用范围

走油的适用范围较广，家畜类、家禽类、蛋类、豆制品类等原料都适用。走油的原料一般都是大块或整只等规格，适用于挂糊、不挂糊或走红加工，多用于烧、煨、焖、煎、蒸等

烹调方法制作的菜肴，如红烧狮子头、豆瓣鱼、酥肉、丸子等。

（3）操作要领

走油时油量应多，使油淹没原料，且受热均匀，油温应在5~6成以上。有皮的原料下锅时，应将皮朝下，使其多受热、易炸透，达到松酥发泡的要求。走油时还需注意锅中的油爆声。当原料放入油锅时，原料表面的水分在高温作用下急剧蒸发，发生油爆声。待油爆声转弱时，说明原料表面的水分已基本蒸发完。这时，应将原料推动、翻身，使其受热均匀，防止粘连、粘锅或炸焦。必须注意安全，防止溅油。因为当原料投入油锅时，表面的水分骤然受高温而迅速气化溢出，引起溅油，易造成烫伤事故。预防的方法：一是原料下锅时与油面距离尽量缩短，并迅速放入；二是将原料表面的水擦干，防止水分过多引起溅油。

7.2.4 过油工艺流程

过油工艺流程如图7.2所示。

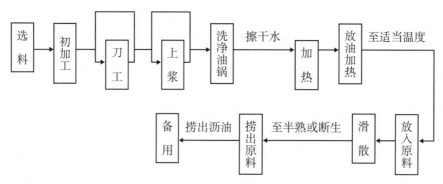

图7.2 过油工艺流程

任务3 走 红

走红又称为"红锅""着色"，就是将原料投入各种有色调味汁中或将原料表面涂抹上有色调味品后再油炸，使原料表面有色泽，是原料上色的一种预熟处理方法。有卤汁走红和过油走红两种方法。

7.3.1 走红的作用

1）增加原料色泽

各种家畜类、家禽类、蛋类等原料通过走红，能使其有浅黄、金黄、橙红、棕红等颜色。

2）增香味、除异味

原料在走红过程中，一般是在调味卤汁中加热，或是涂抹上调味品后，在油锅内煎、烙、炸，在调味卤汁和油的作用下，可增加香味，除去异味。

3）使原料定形

原料在走红过程中，基本确定了成菜后的形状，对一些走红后需要切配的原料，也确定了大致的规格形状。

7.3.2 走红的方法

1）卤汁走红

（1）方法

把经过焯水或过油后的原料，放入锅中，加上鲜汤、料酒、糖色等调味品，用大火烧沸，小火加热至原料达到菜肴所需的颜色。

（2）适用范围

卤汁走红一般适用于鸡肉、鸭肉、猪肉、蛋等形态较大的原料上色，用于制作烧、蒸、烩类菜肴。例如："九转大肠""贵妃凤翅"等就是经过焯水或过油后，在有色的卤汁中烧上色成菜的。

（3）操作要领

卤汁走红时应根据菜肴的要求掌握好有色调味品用量和加热时间，确保成菜后的颜色符合要求；走红时应先用旺火烧沸卤汁，再改用小火继续加热，使味和色缓缓渗透；胶质含量高的带皮原料走红时，应皮朝下，肉朝上，并用鸡骨垫底，以增加鲜香味，防止原料粘锅。

（4）卤汁走红工艺流程

卤汁走红工艺流程如图7.3所示。

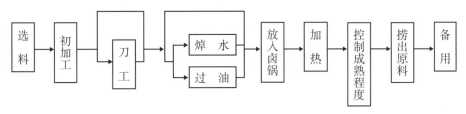

图7.3 卤汁走红工艺流程

2）过油走红

（1）方法

将经过焯水的原料，在其表面涂抹上料酒或饴糖、酱油、糖色、甜面酱等，再放入油锅内炸至上色的方法。

（2）适用范围

过油走红一般适用于鸡肉、鸭肉、鹅肉、猪肉等整只或大块原料的上色，用以制作炸、烤、蒸类菜肴。例如，"咸烧白"的坯料，就是将带皮猪五花肉刮洗干净，先入锅煮至断生，捞出擦干水气，然后涂抹上饴糖或料酒、酱油等，再放入大油量的油锅中炸成橙红色。又如"油烫鸭""扒鸡"等菜肴，是抹上饴糖，入油锅炸成棕红的。

（3）操作要领

因为用于着色的原料有饴糖浆、蜂蜜、糖色、酱油、甜面酱等，此类原料多数含有糖分，遇高温会发生焦糖化反应，所以必须掌握好糖分的用量，且涂抹均匀，才能保证原料走红后色泽一致；原料过油时应先焯水，取出后擦干表皮的水，才可上色；走红时油温应掌握

在7成以上，同时应防止热油飞溅发生烫伤事故。

（4）过油走红工艺流程

过油走红工艺流程如图7.4所示。

图7.4　过油走红工艺流程

7.3.3　走红的原则

1）根据菜肴的要求，决定原料走红的颜色

走红时，根据成菜后的特点，确定卤汁内糖色或调味品颜色的深浅和用量；在原料表面涂抹有色调味品时，应控制好调味品的用量和厚薄，要估计到油炸后，颜色的深浅程度。

2）走红时，控制好原料受热后的熟化程度

原料走红上色时，有一定受热熟化的过程，要避免因原料走红过久导致过分熟化，而影响正式烹调。

3）走红过程中，要保持原料的形态完整

因为原料在走红过程中，基本确定了成菜后的形态，所以，在走红前，要将原料的形态修整好，并在走红过程中，保持形态的完整。

任务4　汽　蒸

汽蒸又称"笼锅"。汽蒸是将已加工处理好的原料入笼，以蒸汽为传热介质，采用不同的火力蒸制成半成品的预熟处理方法。

7.4.1　汽蒸的作用

1）保持原料的完整性

原料在汽蒸的过程中，完全靠水蒸汽的对流使其成熟。因为水蒸气与原料内部所含的水分基本处于饱和状态，原料内部的水分不易溢出，所以能较好地保持原料的完整性。

2）能有效地保持原料的营养成分和味道

因为汽蒸时原料的水分不易外溢，原料中的营养成分流失较小，同时原料相对封闭，汤汁增减也不大，所以能保持原料的营养和原有的风味。

3）能缩短烹调时间

因为蒸汽的温度高，原料通过汽蒸，已加热至符合烹调的成熟程度，故能缩短正式烹调的时间。

7.4.2　汽蒸的方法

根据原料的性质和蒸制后质感的不同要求，汽蒸可分为旺火沸水长时间蒸制和中小火沸水徐缓蒸制两种方法。

1）旺火沸水长时间蒸制法

（1）方法

用旺火加热至水沸腾，产生足量的水蒸气，对原料长时间加热，使其成熟的一种预熟处理方法。

（2）适用范围

此法主要用于体积较大，韧性较强，不易软糯的原料。如鱼翅、鱼皮、鱼骨等原料的涨发；红薯、土豆等根茎形状大的植物类原料；香酥鸡、姜汁肘子、八宝鸡、旱蒸回锅肉、软炸酥方等菜肴的半成品的预熟处理。

（3）操作要领

蒸制时，火力要大、水量多、蒸汽足。蒸制时间的长短，应视原料质地老嫩、软硬程度、形体大小及菜肴的要求而定。

2）中火沸水徐缓蒸制法

（1）方法

用旺火加热至水沸腾，然后用中小火继续进行长时间加热，将原料蒸制成鲜嫩细软的半成品的一种预熟处理方法。

（2）适用范围

此法主要适用于新鲜、细嫩、易熟的原料或半成品。例如："绣球鱼翅""竹荪肝膏汤""芙蓉蛋"等菜肴的预熟处理和鸡糕、肉糕、虾糕等半成品原料的预熟处理。

（3）操作要领

蒸制时，火力要恰当，水量要充足，蒸汽冲力不大。如果火力过大，蒸汽冲力过猛，就会导致原材料起蜂窝眼、质老、色变、味败，有图案的工艺菜，会因此而冲乱其形态。如发现蒸汽过猛，可减少火力或把笼盖虚一条缝隙释放蒸汽，以降低笼内的温度和蒸汽的冲力。同时，把握好蒸制的时间，使半成品的原料具有质地细嫩、柔软的特点。

7.4.3 汽蒸的原则

1）要与其他熟处理方法配合

一些原料在汽蒸以前，还需要进行其他方式的预熟处理，如焯水、过油、走红等，故应针对不同质地的原料，把其他预熟处理方法与汽蒸配合进行。

2）要掌握好火候

汽蒸除了考虑原料的类别、质地、新鲜度、形状和蒸制后的质感等因素外，火候的调节很重要，否则，就达不到汽蒸的效果。

3）要防止多种原料同时汽蒸串味或串色

由于原料不同，半成品的类型不同，它们所表现的色、香、味也不相同。汽蒸时要以最佳方案放置，防止串味或沾染其他颜色。

7.4.4 汽蒸工艺流程

汽蒸工艺流程如图7.5所示。

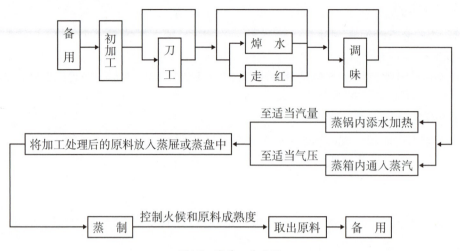

图7.5 汽蒸工艺流程

 **思考题**

1. 什么是预熟处理?
2. 焯水处理有哪几种方法?各自适用的范围如何?
3. 过油处理有哪几种方法?各自适用的范围如何?
4. 如何鉴别油温?
5. 影响油温的主要因素有哪些?
6. 什么是走红?走红处理有哪几种方法?各自适用的范围如何?
7. 汽蒸有哪几种方法?各自适用的范围如何?

项目 **8**

着味、挂糊、上浆、勾芡、制汤工艺基础

【教学目标】
知识目标：了解着味、挂糊、上浆、勾芡的作用和方法。了解汤的种类。
能力目标：能运用正确的方法进行着味、挂糊、上浆、勾芡，并能掌握制汤的基本技能。
情感目标：养成良好的操作习惯，合理运用各类方法，倡导营养。

【内容提要】
1.着味的作用及原则。
2.挂糊和上浆的区别，挂糊的种类、调制方法和操作的关键。
3.勾芡的作用。
4.常见的汤的种类及制汤的基本要求。

任务1 着 味

着味，又叫码味，即按成菜要求，在菜肴烹制前对原料加入一定数量的调味品进行基础调味的操作技术。

8.1.1 着味的作用

1）渗透入味

原料在烹制前用精盐等调味品着味后，使调味品中的咸味、香鲜味渗透进原料内，能增加菜肴的滋味，使之回味悠长，如果烹制前不对原材料着味，很容易产生进口有味、越嚼越乏味的现象。

2）除异增鲜

原料经过着味，在精盐、料酒、姜、葱、花椒、酱油等调味品的作用下，能在一定程度上解除腥、膻、臊、涩等异味，增加香鲜味。

3）保持原料的细嫩鲜脆

肉类原料经过着味，在精盐的作用下，能提高肉类原料的持水力，使原料在烹制成菜后能获得良好的细嫩质感。蔬菜类原料，在精盐的渗透压作用下，能析出过多水分，使其易于吸收其他调味品的味道，并使成菜细嫩鲜脆。

8.1.2　着味的方法、主要作用和适用范围

1）着味的方法

①先将所需调味品装入碗内，调匀后，再与原料搅拌均匀。

②要区别不同情况进行着味，如炒、熘、爆、炸等类菜肴原料的着味，应在挂糊、上浆前进行；炝、煎、炸收等类菜肴的着味，应在加热前的一定时间内进行；凉拌，特别是对蔬菜类原料的着味，应留有充分渗透入味的时间。

2）着味的主要作用和适用范围

原料的着味，由于各种烹制方法的差异，很难有一个统一的模式。着味的主要作用和适用范围见表8.1。

表8.1　着味的主要作用和适用范围

主要作用	适用范围
突出五香味为主	由精盐、五香粉、姜、葱、料酒配合组成的着味，以突出五香味为主。这种方法一般用于炸、蒸、腌、炸收等类菜肴
突出咸鲜味为主	由精盐、胡椒、姜、葱、料酒配合组成的着味，以突出咸鲜味为主（注意其中姜、葱的用量宜小，主要作用在于和味除异）。这种方法一般只用于蒸类的菜肴
突出鲜味和姜、葱的香味为主	由精盐、料酒、花椒、姜、葱配合组成的着味，以突出鲜味和姜、葱的香味为主。这种方法一般用于炒、蒸、炸收、熏、腌等类菜肴
普通炒、熘、爆等类菜肴的着味	由精盐、料酒，或精盐、酱油、料酒，或只要精盐等不同种类的着味，用在原料上浆前，主要用于炒、熘、爆等类菜肴
出原料的血水，保鲜增色	由精盐、花椒等配合组成的着味，一般适合于腌、卤、熏等类菜肴。这种着味可追出原料的血水，渗透入味，保鲜增色
保持原料的细嫩鲜脆	只用精盐着味。此法利用精盐追出原料过多水分，适合于蔬菜类原料，以便渗透入味，保持原料的细嫩鲜脆。这种方法一般用于炒、炝、干煸、凉拌等类菜肴

8.1.3　着味的原则

1）应与主要原料充分拌匀

将着味的调味品调配后放入原料后，应搅拌均匀，才能达到着味的预期效果。

2）按照成菜的要求，有所突出

着味用到的多种调味品，一定要严格按照成菜要求，在组合上有所突出。如五香味型的

菜肴应重用香料或五香粉；如果不是五香味型的菜肴，只借助五香粉或香料的增香作用，其用量绝不能喧宾夺主；对腥、膻、臊等异味较重的原料，应重用料酒、姜、葱等；本味较佳的原料用于烹制咸鲜味的菜肴时，调料只起辅助作用，增加其本身的鲜味。

3）灵活运用调味品

着味的调味品要根据烹调方法而灵活运用，如醪糟汁、酱油极易在炸制时使原料上色，使成菜的色泽较难掌握。因此，在对炸类菜肴的原料着味时，最好慎用或不用，或以料酒、曲酒、白酒、精盐代替。又如炒、熘、爆类菜肴，有的要求成菜色泽棕红或深黄，其原料的着味，就可酌情增加酱油，以获得良好的效果。

4）正确掌握着味时间

着味的时间应根据烹调要求而定，一般作炒、熘、爆、清蒸类菜肴的原料，着味以拌匀即入锅烹制为准；而作炸、旱蒸、熏、腌、卤、烤、拌类菜肴的原料，着味时间应根据需要而定。一般而言，做咸鲜味型菜肴的原料，着味时间短；五香味型菜肴的原料的着味时间长；咸味重的菜肴的原料着味时间长；咸味轻的菜肴的原料着味时间短；异味重的菜肴的原料着味时间长；鲜味好的菜肴的原料着味时间短。

5）保持蔬菜类的色、形、质地

蔬菜类的原料，用精盐着味后，以自然滴干水为宜，不能用手挤捏或用重物压榨，以免影响原料色、形、质地进而降低菜肴的质量。

6）精盐用量适当

使用精盐着味，应严格掌握用量，过多或过少都会影响菜肴的质量。

任务2　挂糊、上浆

挂糊，又叫"穿衣"，是指将经过刀工处理后的原料，裹上一层淀粉或淀粉加鸡蛋液或蛋清调成黏性的较浓糊浆，使烹制成的菜肴达到酥脆、滑嫩或松软的一项操作技术，多用于熘、炸、煎等烹饪方法。上浆，又叫"码芡"，即烹饪前把原料用水淀粉或淀粉加蛋清等拌匀，使菜肴达到软嫩、入味的目的，用于滑熘、锅塌、爆、炒、氽的烹饪方法。

8.2.1　挂糊与上浆的作用

挂糊和上浆是烹调前的一项重要操作程序，对菜肴的色、香、味、形等方面均有较大的影响，其作用主要有以下几个方面：

1）保持原料中的水分和鲜味，使其内部鲜嫩，外部香酥或柔滑

炸、熘等烹调方法，大都是用旺火热油。鸡、鸭、鱼、肉等原料如果不挂糊或上浆，在旺火热油中，水分会很快耗干，鲜味也随着水分外溢，而使菜肴质地变老，鲜味减少。挂糊、上浆后，如同对原料加了一层保护膜，使水分不易流失，在油温的作用下这层保护膜有酥脆、松软或爽滑的质感，使菜肴的风味更加突出。

2）保持原料形态，使之光滑饱满

鸡、肉、鱼等原料，如果切成较薄较小的丝、丁、片、块，在烹调加热时往往易断、易破碎或易蜷缩，经过上浆或挂糊处理，不但增强了原料的黏性，提高了耐热性能，还能膨胀

显得体积大；同时，表面的糊糊经过油的作用，色泽光亮，形态饱满，从而增加了菜肴的美观性。

3）保持和增强菜肴的营养成分

鸡、肉、鱼等原料，如果直接高温烹制，其中所含的蛋白质、脂肪、维生素等营养成分就会遭到破坏，降低原料的营养价值。通过挂糊和上浆，原料的外面有了保护层，使原料不直接与热油接触，内部的水分和营养成分不易流出，其营养成分也就不会流失较多。相反，糊糊中的淀粉、鸡蛋等也具有丰富的营养成分，从而增强了菜肴的营养价值。

8.2.2 上浆与挂糊的区别

上浆和挂糊的作用虽然基本类似，但两者有严格的区别：

1）浆与糊的浓度不一样

浆比较稀薄，糊比较浓稠。

2）上浆和挂糊产生的效果不一样

上浆后的原料成菜后，质感细嫩滑爽，有光泽；而挂糊后的原料成菜后质感酥脆或外酥里嫩。

3）上浆和挂糊适应的范围不一样

上浆一般适宜于原料体积较小，常用于爆、炒、熘等烹调方法的菜肴；挂糊一般适宜于原料体积较大，常用于炸制的菜肴。

除挂糊和上浆外，还有拍粉的方法，就是在已经入味的原料表面均匀地拍上一层面粉、面包糠或干淀粉。拍粉后的原料经油炸，可以保持原有的形态，并使表面脆硬、体积膨大。

8.2.3 浆和糊的种类及调制方法

调制糊和浆的原料主要有鸡蛋、淀粉、面粉、米粉、泡打粉、面包糠、酵母、小苏打和水。蛋清和小苏打的主要作用是使原料滑嫩；蛋黄、酵母的主要作用是使原料松软；淀粉、面粉、米粉、面包糠的主要作用是使原料酥脆。这些原料本身并不分别具有上述特点，而是经过适当的调配，才能达到上述效果。

浆和糊的调制方法比较复杂，种类及用料比例都没有固定的标准，往往因地方菜系、菜肴做法不同而异。常见的浆和糊见表8.2。

表8.2 常见的浆和糊

名　称	调制方法和适用范围
蛋清糊	蛋清糊（蛋清粉）既可作为糊来使用，也可作为浆来使用。作糊使用时，用蛋清、淀粉加少量面粉，调制而成，适用于软炒、焦熘等烹调方法，如软炸里脊、焦熘鱼片等，能使菜肴外焦里嫩、色泽金黄；作浆使用时，主要用盐、蛋清、淀粉制成，适用于滑炒、滑熘、爆等烹调方法，如炒虾仁、鲜熘鸡丝、滑熘里脊丝等，能使菜肴柔滑软嫩、色泽洁白
全蛋糊	全蛋糊（全蛋粉）是用鸡蛋液、淀粉调制而成的糊，适用于酥炸、锅塌等烹调方法，如炸里脊、锅塌鸡片等，能使菜肴外面酥脆、里面松软、色泽金黄。此外，全蛋糊也可作为浆使用，用盐、全蛋、淀粉制成，适用于炒菜类菜肴中某些色泽较重的原料，能使菜肴滑嫩、略带淡黄色

名　称	调制方法和适用范围
蛋泡糊	蛋泡糊是先将蛋清加泡打粉、淀粉调制而成，适用于松炸等烹调方法，如松炸虾仁、牡丹鸡片、雪衣夹沙肉等，能使菜肴外形饱满、质地松软、色泽洁白
水淀粉糊	水淀粉糊是用淀粉加水调制而成的，适用于干炸、炸熘等烹调方法，如炸八块、炸熘肝尖等，能使菜肴酥香脆、色泽美观。同时，水粉糊也可直接作为浆使用
发粉糊	发粉糊是用酵母、面粉加水调制而成的，适用于软炒的菜肴，如脆炸大虾、鱼包三丝等，能使菜肴涨发饱满、松酥香绵、色泽淡黄
拖蛋糊滚面包渣	拖蛋糊滚面包渣是将原料先放在全蛋糊中拖过，再放在面包糠上滚压，适用于炸的菜肴，如炸面包鸡块、法式炸猪排等，能使菜肴酥脆可口、色泽金黄
拍粉拖蛋糊	拍粉拖蛋糊是在原料的表面上拍一层干面粉或干淀粉，然后放在全蛋糊中托过，适用于炸、塌等菜肴中含水分或油脂较多的原料，如炸棒子鱼、煎扒菜卷等，能使菜肴口味肥嫩、色泽金黄
苏打浆	苏打浆就是在全蛋糊中加上小苏打，适用于牛柳、牛肉片及牛肉丝的上浆。因牛肉的质地较老，用小苏打上浆可以增强牛肉的亲水性，使牛肉过油之后鲜嫩柔滑。用小苏打上浆，要静置1小时才能使水分进入到原料中，这种浆在广东菜中使用较多

8.2.4　制糊和浆的操作要点

制糊和浆的方法是将各种原料按照一定的比例放在一个容器中搅拌均匀。制糊和浆必须掌握以下要点：

1）灵活掌握各种糊的浓度

制糊时，应根据原料的老嫩、是否经过冷冻以及原料在挂糊后，距离烹调时间的长短等因素来决定各种糊的浓度。一般原则是：较嫩的原料，糊应稠一些（因其本身所含水分较多，吸水力较弱）；较老的原料，糊应稀一些（因其本身所含水分较少，吸水力强）。经过冷冻的原料，糊应稠一些；未经冷冻的原料，糊应稀一些。挂糊后立即烹调的原料，糊应稠一些（如糊过稀，原料来不及吸收水分即下锅烹调，糊浆易脱落）；挂糊后间隔一定时间再烹调的，糊应稀一些（因为原料尚有时间吸收糊或浆中的水分，同时糊和浆暴露在空气中，也会蒸发掉一部分水分）。

2）搅拌时应先慢后快，先轻后重

在开始搅拌时，因为水和淀粉等尚未调和均匀，浓度不够，黏性不足，所以应搅拌得慢些、轻些，以防糊溢出。通过搅拌，糊中的浓度渐渐增大，黏性逐渐增加，搅拌就可以逐渐加快加重，直至黏稠为止，但切忌将糊搅上劲儿。只有蛋泡糊的调制较为特殊，最后要搅打得很快很重，将蛋清不停地顺着一个方向用力搅打上劲儿，似泡沫状雪堆，然后再加入淀粉搅匀。

3）糊或浆中不能有粉粒

制糊和拌浆时，必须使糊和浆十分均匀，不能存有粉粒。因为粉粒附着在原料表面上，当原料投入油锅后，粉粒就会爆裂脱落，使原料形成脱糊或脱浆，影响菜肴的质量。

4) 糊和浆必须把原料表面全部裹起来

原料挂糊或上浆，要使糊或浆把原料全部裹起来。否则，在烹制时，油就会从没有糊糊的地方浸入原料，这一部分质地变老，形状萎缩，色泽焦黄，影响菜肴的色、香、味、形。

> 以上原则同样适用于上浆。

任务3 勾芡

勾芡是在菜肴接近成熟时，将调好的粉汁淋入锅内，使菜肴的汤汁浓稠，增加汤汁对原料的附着力，勾芡是烹制操作的基本功之一。勾芡是否恰当，对菜肴的色、香、味、形影响很大。

8.3.1 勾芡的作用

勾芡的粉汁，主要是用淀粉和水调成。淀粉在高热的汤汁中能迅速吸水膨胀，产生黏性，并且色泽光亮，透明滑润。因此，对菜肴进行勾芡，可以起到以下作用：

1）增加菜肴汤汁的黏性和浓度

菜肴在烹制时总要加入一些汤、液体调味品或水，同时原料在受热后，也有一些水分渗出，成为菜肴的汤汁。因为这些汤汁与菜肴不能很好地融合，所以通过勾芡，可以使汤汁的黏性和浓度增加，很好地融合起来。对于不同的烹调方法，勾芡还可以发挥不同的作用。

用爆、炒烹调方法制作的菜肴，勾芡可使汤汁全部紧裹在原料表面上，使菜肴鲜美味醇。爆、炒等烹调方法的特点是旺火速成，菜肴的汤汁应该是浓稠的。但因加热过程很短，原料水分及调味品既不会蒸发掉，又不会全部渗入原料，因此原料和汤汁不能融和，菜肴的汤汁也不能达到浓稠的要求。经过勾芡增强了菜肴汤汁的黏性和浓度，只要略加颠翻，汤汁就能基本上包裹原料表面，达到旺火速成的要求。

用烧、烩、扒的烹调方法制作的菜肴，勾芡可使汤菜融合，滑润柔嫩。用烧、烩、扒等烹调方法制作的菜肴，汤汁较多，加热时间长，原料本身的鲜味和调味品的滋味多溶解在汤汁中，经过勾芡，加强了汤汁的黏性和浓度，就可使汤菜融为一体，滑润柔嫩，滋味鲜美。明汁亮芡，如干烧鱼、烩三鲜、红扒肘子等都是需要勾芡的。

有些汤菜，勾芡可使汤汁较浓，原料突出。有些汤菜，因汤汁很多，装盘后主料沉在下面，上面只见汤不见菜，经过勾芡，可使汤汁的浓度增加，原料浮在上面。冬季天寒，菜肴勾芡后有保温作用。而且，汤汁也滑润可口，如西湖羹、乌鱼蛋汤等。

2）使菜肴光润鲜艳，增加美观

由于淀粉具有色泽光洁的特点，因此勾芡可使菜肴色彩鲜艳，光亮明洁。同时，由于黏性和浓度增加，可使菜肴在较长的时间内保持滑润美观。

8.3.2 勾芡的分类和运用

> 常见的勾芡原料有绿豆淀粉、马铃薯淀粉、玉米淀粉、小麦淀粉、红薯淀粉。

1）勾芡的分类

勾芡用的粉汁，有加调味品粉汁和单纯粉汁两类。而勾芡时芡汁的稀稠，主要根据不同的烹调方法和不同菜肴的特点来掌握。一般说来，勾芡可分为以下两类：

（1）厚芡

厚芡是粉汁较稠的芡。按浓度不同，又可分为包芡和糊芡两种。包芡与糊芡见表8.3。

表8.3　包芡与糊芡

名　　称	作用和适用范围
包芡	芡汁最稠，可使菜肴的汤汁稠浓，基本上都黏裹到原料表面。适用于熘、爆、炒等烹调方法，如熘三白、油爆双脆、炒腰花等烹调菜肴都是勾包芡。这种菜肴在吃完以后，盘中几乎见不到汤汁
糊芡	芡汁比包芡略稀，可使菜肴的汤汁成薄糊状，到达汤菜融合、口味醇厚、柔滑的要求。如烩三丝、豆腐羹等都勾糊芡，否则汤菜分离，口味淡薄

（2）薄芡

薄芡是芡汁较稀的芡，根据浓度的不同，又分为熘芡和米汤芡两种。熘芡与米汤芡见表8.4。

表8.4　熘芡与米汤芡

名　　称	作用和适用范围
熘芡	汤汁较稀，可使汤汁稠浓，浇在菜肴上能增加口味的色彩。它适用于烧、扒、熘等烹调方法制作的大型或整件菜肴，如红扒肘子、葱扒鸡等。在菜肴装盘后，将汤汁勾芡浇在菜肴上，一部分黏在菜肴上；一部分在盘中呈流离状态
米汤芡	芡汁最稀，可使菜肴的汤汁略稠一些，口味略浓，如粟米羹、什锦汤等

2）勾芡的方法

勾芡的方法，因烹调方法和菜肴品种的不同而有差别，常分为翻拌、摇推和浇淋3种。勾芡的方法见表8.5。

表8.5　勾芡的方法

名　　称	方法和适用范围
翻拌	翻拌可分为两种：一种是在锅中菜肴接近成熟时，淋入芡汁，然后连续翻锅或铲（手勺）拌炒，使芡汁均匀地黏裹在菜肴上。这种方法常用于熘、爆、炒等包芡的烹调方法。另一种是先将粉汁与调味品、汤汁一起下锅加热，至芡汁成熟、黏性明显时，将过油的原料投入，然后连续翻锅或拌炒，使粉汁均匀地包裹在菜肴上。这种方法多用于需要表面酥脆的熘菜，如糖醋咕咾肉
摇推	摇推是在菜肴接近成熟时，一面将芡汁缓缓地、均匀地淋入锅中，一面持锅缓缓摇动，或用手勺轻轻推动，使菜肴汤汁浓稠，汤菜融合。这种方法常用于烩、烧、扒等使用糊芡或米汤芡的烹调方法，如麻婆豆腐、烧二冬、扒牛舌等
浇淋	浇淋是一种特殊的勾芡方法，即先将烹制好的菜肴盛入盘中，另起一锅混入汤汁或调味品，淋入粉汁，芡汁成熟后再淋在菜肴上。浇淋适用于体形较大或需要保持菜肴形态的菜肴，如东坡肘子等

3）勾芡的注意事项

勾芡必须掌握以下要点：

（1）勾芡必须在菜肴即将成熟时进行

勾芡过早或过迟都会影响菜肴的质量。由于勾芡后菜肴不能在锅中停留过久，否则芡汁易产生焦糖化反应，因此不能过早勾芡。因为熘、爆、炒等操作非常迅速，如果在菜肴已经成熟时才进行勾芡，势必造成菜肴受热时间过长而失去脆嫩的口感，所以要准确把握勾芡时间。

（2）勾芡必须在汤汁适当时进行

勾芡时汤汁不可过多或过少。用烧、扒等方法制作的菜肴，如汤汁太多，可在旺火上将汤汁略收干一些，再进行勾芡；如汤汁太少，可沿着锅边再淋入一些汤汁。

（3）用单纯的粉汁勾芡，应在菜肴的口味、颜色确定以后进行

如果勾芡后发现菜肴的口味、颜色达不到标准，再加调味品弥补口味、颜色的不足，或加入汤水冲淡菜肴的口味、颜色，则很难奏效。

（4）勾芡时菜肴的油量不宜太多

勾芡时，菜肴中的油量过多，芡汁就难以粘裹在原料上，使料、汁不能融合，从而影响菜肴的质量。

勾芡虽然是烹调的最后一个环节，但是，有些菜肴在经过勾芡后，往往还有一些零星的操作过程。如红扒肘子，在勾芡后要淋一些葱油；酸辣鱼块在勾芡后要撒些胡椒面和香菜末；腰丁烩腐皮在勾芡后要撒些火腿丁片等，以增加菜肴的色彩和口味。另外，有些需要加蛋花的菜肴，如鸡蛋汤、豆腐羹等，蛋液应在勾芡后淋入，以缩短加热时间，使其成菜后更加滑嫩美观。

> 勾芡需灵活掌握，不能什么菜都勾芡，清脆鲜美的菜不需要勾芡，有黏度的菜肴如鲶鱼炖茄子不宜勾芡。

任务4 汤

8.4.1 汤的种类与制法

汤的种类很多，如猪肉汤、鸡汤、鱼汤、蹄花汤、牛肉汤、羊肉汤、狗肉汤、甲鱼汤、蛇肉汤、乌龟汤、鸽子汤等。

虽然有这么多的汤，但是绝大部分汤只是以独自的风味存在的，其中既能独自存在又能以此作为烹制其他菜肴的原料，也可起辅助调味作用的汤实际上只有4种，即高汤（又称毛汤、鲜汤），奶汤（又称乳汤、白汤），清汤（又称高级清汤），红汤。

我国各大菜系素以善制鲜汤著称，其用料之精，制法之细，汤味之鲜，各菜系均有其独到之处。各类汤的制作方法如下：

1）高汤

高汤是制作最简单、最普通的一种，因为是第一遍汤，称为毛汤。其特点是：汤呈混白色，浓度较差，鲜味较小。一般作为大众菜肴的汤料或调味用。

（1）用料

鸡、鸭的骨架，猪肘骨、肋骨、猪皮等，以及需要焯水的鸡、鸭、猪肉等。

（2）制法

制高汤一般不必准备专用锅，大多用设在炉灶中间的汤锅。制作方法是：将鸡、鸭的骨架、猪骨，以及需要焯水的鸡、鸭、猪肉等用水洗干净后，放入汤锅中，加入冷水，待烧沸后撇去浮沫，加盖继续加热，至汤呈浑乳白色时即可使用。

2）**奶汤**

奶汤的特点是：汤呈乳白色，浓度较高，口感醇厚。主要作为奶汤菜的汤料及白汁菜等菜肴调味使用。

（1）用料

老母鸡、老母鸭、猪肚、猪肘、猪排骨、猪棒子骨、姜、葱、料酒等。

（2）制法

初加工：将宰好的老母鸡、老母鸭剁去爪，洗净；将猪肘骨、猪排骨、猪棒子骨洗净、砸断。把初加工完毕的原料一起放入沸水锅中，煮约5分钟捞出，清洗干净。

煮制：将猪肋骨、猪排骨、猪棒子骨放入汤锅的底部铺开，将老母鸡、老母鸭、猪肚、猪肘放在底层的骨头上，加入清水。用旺火烧沸，除去浮沫后加入姜（拍破）、葱、料酒，然后加盖用旺火熬至汤呈乳白色，鸡、猪肉已酥烂时，将锅端离炉火，捞出肉和骨头，再用净纱布将汤滤净即成。

3）**清汤**

清汤的特点是：汤呈微黄色，清澈见底，味极鲜。主要作为高级清汤菜的汤料和高级菜肴的调味品。

（1）用料

老母鸡、老母鸭、火腿、猪排骨、猪净瘦肉、葱段、姜片、料酒等原料。

（2）制法

初加工：将宰好去爪的老母鸡、老母鸭、猪排骨等原料洗净；老母鸡剔下全部脯肉，剁成蓉泥（称白蓉）；再将适量的猪净瘦肉剁成蓉泥（称为红蓉）。

煮制：将汤锅刷洗干净，倒入适量清水，对原料进行焯水，除去血腥味，捞出清洗干净。再往汤锅内加入适量清水，依次放入猪排骨、鸡（不包括白哨和红哨）、鸭旺火煮沸后，撇去浮沫，加入葱段、姜片、料酒转微火，保持锅内微沸，熬制至汤出鲜味，捞出所有汤的原料即成一般清汤。

扫汤：将适量的清汤倒入另一干净盆内进行冷却，并用冷却后的清汤分别将白蓉、红蓉调成含水量较多的浆。将盛有剩余清汤的汤锅端离火口，撇去浮油，晾至7成热时，再将汤锅放至中火上，用手勺搅动，使汤在锅里旋转，随即加入用冷清汤调好的红蓉，继续搅动，待汤烧至9成热且红蓉漂浮至汤锅表面时，用漏勺捞出，将汤锅端下晾凉；晾至7成热时，再将汤锅放至中火上，用手勺搅动，使汤在锅里旋转，随即加入用冷清汤调好的白蓉，继续搅动，待汤烧至9成热且白蓉漂浮至汤锅表面时，用漏勺捞出。

吊汤：用干净的纱布包扎好白蓉，再放入已扫过的清汤中，将锅置于微火上，继续保持80℃的温度进行吊汤，使汤更清澈透亮，鲜味更足。吊制后的清汤用干净纱布过滤后即成特制清汤。

吊汤的目的有两个：一是使鸡蓉的鲜味溶于汤中，最大限度地提升汤的鲜味，使口味鲜醇；二是利用鸡蓉的吸附作用，除去微小的渣滓，以提高清汤的澄清度。

4）红汤

红汤，即在扫好的清汤中加入适量的冰糖色，使其色变为金红色。用于大菜的红汤应加入火腿、火腿骨、干贝、金钩等，继续用小火熬制，使鲜味更加浓郁醇厚。红汤的颜色应根据成菜的要求掌握，如果糖色过多，则颜色较深，并产生微苦味。

8.4.2 制汤的基本要求

各菜系在制汤的具体用料和方法上虽有差别，但基本上大同小异。由于所使用的原料都含有丰富的蛋白质和脂肪，因此制汤的基本要求差别不大。

1）必须选用鲜味浓厚、无腥膻气味的原料

制汤所用的原料，各地方菜系虽略有差别，但大致以鲜味浓厚、无腥膻气味的动物类原料为主，如鸡、鸭、猪瘦肉及骨架等。

2）制汤原料一般均应冷水下锅，中途不宜加水

因为制汤所用的原料体积较大，若投入沸水锅中，原料的表面骤然接触高温，外层蛋白质凝固，内部的蛋白质就不能大量渗入汤中，汤汁就达不到鲜醇的要求，而且最好一次加足水，中途加水也会影响质量。原料焯水后应用热水炖制，或晾凉后再下锅。

3）必须恰当地掌握火力和时间

制汤时，恰当地掌握火力和时间很重要。一般来说，制奶汤时，先用旺火将水烧沸，然后改用中火，使水保持沸腾状态，直至汤汁制成。火力过大容易造成焦底，熬干水；火力过小，则汤汁不浓，汤色发暗，黏性较差，鲜味不足。制清汤是先用旺火烧沸，然后改用微火，使汤保持微沸，呈冒小泡状态，直至汤汁制成。火力过大，会使汤色变白，失去"清澈见底"的特点；火力过小，原料内部的蛋白质等不易渗出，影响汤的鲜味。

4）掌握好调料的投料顺序和数量

制汤中常用的调味品有葱、姜、盐、料酒等，在使用这些调味品时，应掌握好放的顺序和数量。制汤时，绝对不能先加盐。因为盐有渗透作用，易渗进原料中去，使原料中的水分排出，蛋白质凝固而不易充分溶解于汤中，影响汤的浓度和鲜味。葱、姜、料酒等不能加得太多，加多了会影响汤本身的鲜味。

思考题

1. 着味有何作用和原则？
2. 挂糊和上浆的区别。
3. 勾芡的作用。
4. 常见汤的种类及制汤的基本要求。

调味工艺基础

【教学目标】

知识目标：了解调味的作用和常见的味型、菜肴色泽和香味的来源。

能力目标：掌握调味的基本方法、菜肴调色、调香的方法和调味品的保管方法。

情感目标：养成良好的工作习惯，遵守操作规程，注重操作的清洁卫生。

【内容提要】

1.调味的作用和基本方法。

2.常见的基本味和复合味味型。

3.菜肴色泽的来源和调色的方法。

4.菜肴香味的来源和增香的方法。

5.调味品的保管。

任务1 调味的作用及基本方法

9.1.1 调味的作用

调味，就是调和滋味。它是通过各种调味品的组合运用来影响原料，使菜肴具有复合味的一种操作技术。严格地说，调味就是把组成菜肴的主料、辅料与多种调味品适当配合，在不同温度条件下，使其相互影响，经过一系列复杂的理化变化，去其异味，增加美味，形成各种不同风味菜肴的工艺。调味的作用主要有以下几种：

1）除异解腻

有一些烹饪原料，如动物类原料，一般含有腥味、臊味和膻味等异味，一部分蔬菜及其他原料也有一些不良气味。这些原料的异味，虽然通过预熟处理可以去除一部分，但并不能彻底清除。还必须在调味的过程中用酒、葱、姜、蒜、香料等对其进行除异味增香味的处理。动物类原料因含有较多脂肪，较为肥腻，在烹制的过程中加入适当的调味品，可起到除异解腻的作用。

2）增加美味

有些烹饪原料自身淡而无味或鲜味不足，必须采取汤煨和"打姜葱"等前期调味方法进行调味。如海参、鱼肚、蹄筋等原料，在正式烹调前，加入一定量的葱、姜、料酒等去除其异味，再用鸡汤和其他鲜美原料调和滋味、增香促鲜，使其变成醇厚悠长的美味菜肴。

3）确定口味

每份菜肴特有的口味，主要由调味来实现。以炒肉丝为例：烹制时，佐鱼香味的调味品，成菜后就呈现出鱼香味的肉丝；佐以甜面酱的调味品，成菜后就呈现出酱肉丝。因此，每种菜肴的口味都是通过不同的调味品来确定口味的。

4）美化色彩

调味品一般都有色泽。原料通过调味品的作用后，可以起到美化菜肴色泽的作用。比如，番茄酱可使菜品呈果红色，甜面酱则使菜品呈酱色、枣红色，咖喱粉可使菜品呈咖喱黄色，而柠檬汁则使菜品呈柠檬黄色等。

5）突出风味

调味是构成各种地方菜肴风味的主要因素之一。如谈到麻辣味厚的风味特征，多数人就会联想到四川风味以及川菜对花椒、辣椒、豆瓣酱、红油、泡辣椒等调味品的运用；谈到清淡香鲜，注重本味的风味特征就会联想到粤菜。因此，调味造就了风味的形成，突出了各地菜肴的风味。

9.1.2 调味的基本方法

菜肴调味的基本方法是指制作菜肴的过程中使原料入味的一种操作方法，大致分为腌渍调味法、分散调味法、热渗透调味法、裹浇调味法、粘撒调味法、跟碟调味法。从遵循的原则上看，菜肴调味必须根据菜肴成菜特点的要求，原料性质和烹制方法的不同而采取适当的时机进行调味。

1）腌渍调味法

腌渍调味是指将调味料与菜肴主配料拌和均匀，或将主配料浸泡在调味品的溶液中，使其入味的一种方法。根据所用调味品干、湿的状态，在行业中分别叫码味与腌渍。如"蒜香排骨"需先用盐等调味品进行码味，"糖醋萝卜卷"需把原料放在糖醋汁中浸泡腌渍。

2）分散调味法

分散调味法是指在菜肴制作过程中将调味品溶解并分散于菜肴汤汁中的调味方法。分散调味法广泛用于水烹菜肴的制作和泥蓉状原料的调味，如烩菜、汤菜多用此方法。

3）热渗透调味法

热渗透调味法是在加热的条件下，使调味品的呈味物质渗透到原料内部的调味方法。此方法常与分散调味法和腌渍调味法混合使用。在烹调过程中，调味品必须先分散到汤汁中，再通过加热，使调味品与汤汁融合，使原料入味。在运用汽蒸、烘烤烹制法时，先将原料腌渍入味，再高温蒸制使呈味物质渗透到原料内部。

4）裹浇调味法

裹浇调味法是将液态的调味品黏附于原料表面，使其带味的调味方法。根据其调味品黏附方法的不同又分为裹制法和浇制法两种。裹制法是将调味品均匀裹在原料表面的调味方法，在菜肴使用中较为广泛，可在原料加热前、加热中、加热后使用。烹饪工艺中的上浆、挂糊、勾芡、收汁、挂霜等均采用裹制法，浇制法是将调味品浇淋在原料表面的调味方法。此方法多用于热菜加热后以及冷菜切配装盘后的调味，如挂汁菜、瓤制菜及一些冷菜的浇汁。

5）黏撒调味法

黏撒调味法是将固态调味品黏撒在原料或菜肴的表面，并使之黏附增味的调味方法。这种方法多用于炸、蒸、烤等方法烹制的菜肴。

6）跟碟调味法

跟碟调味法是将调味品盛入碟子内随菜肴一起上席，由用餐者蘸而增味后食用的调味方法。这种方法多用于炸、蒸、烤、煮、涮等方法烹制的菜肴。

这一系列调味方法在菜肴制作过程中可单独使用，也可以几种方法配合使用。

任务2　常见的基本味型

9.2.1　常用的基本味

我国菜肴的滋味丰富多彩，复杂多变，它们都由基本味变化而来。基本味又称单一味，是由一种呈味物质构成的，我们把基本味称为"母味"。基本味见表9.1。

表9.1　基本味

单一味	作　用	来　源	备　注
咸味	基本味中的主味，是各种复合味的基础，有"无盐不成味"的说法。咸味能起定味的作用，还能去异味、解腻、提鲜	盐、酱油、酱等调味品	在调味时，应准确按照"咸而不减"的原则，根据成菜的要求，恰当使用
甜味	可增强菜肴鲜味、调和滋味、缓和辣味、抑制原料苦涩味	白糖、饴糖、蜂蜜	在运用甜味物质调味时，须掌握"甘而不浓"的原则
酸味	能增强食欲，促进消化，也有增鲜、除腥、解腻的作用，也可促进钙质和氨基酸的分解，减少维生素C的破坏	醋、番茄酱、柠檬	因为在调制酸味味型时，需要有一定咸味的基础才能呈现出酸味，所以有"盐咸酸才酸"的说法，应符合"酸而不酷"的要求
辣味	具有强烈的刺激性和独特的芳香气味，有增香、解腻、去异味的作用，还可刺激食欲，促进消化	辣椒、胡椒、芥末	在使用辣味调料时，应掌握"辣而不燥"的原则
香味	香味物质具有去腥、解腻、刺激食欲的作用	香油、香料、料酒	在使用上应当避免抑制菜肴的鲜味和清香味

续表

单一味	作 用	来 源	备 注
鲜味	一种辅助性调味品，能使菜肴的味道鲜美可口，有缓和咸、酸、苦等味的作用	味精、鸡精、蚝油	鲜味必须在咸味的基础上才得以突出
麻味	具有去腥解异、促食欲利消化、提鲜、增香的作用	花椒、花椒油、藤椒	在使用时应注意用量，不能呈现出麻而苦的味觉

9.2.2 常用的复合味

复合味是由两种或两种以上的单一味所构成的味觉。常见复合味见表9.2。

表9.2　常见复合味

味 型	主要原料	辅助原料	特 点	注意事项
咸鲜味	食盐、酱油、味精等	香油、姜、蒜、葱、胡椒粉等	咸鲜、清香、突出原料本味	咸味适度，突出鲜味
咸甜味	白糖、食盐、酱油等	姜、蒜、葱、糖色、醪糟汁等	咸甜并重，兼有鲜味	咸甜可各有侧重，需根据菜肴要求合理使用调味品
五香味	香料、食盐、料酒等	姜、蒜、葱等	香味浓郁，口味咸鲜	合理使用香料，避免香味过浓
糖醋味	食盐、糖、醋等	姜、蒜、葱等	甜酸味浓，回味咸鲜	须以适量咸味为基础进行调味
麻辣味	辣椒、花椒、食盐、味精等	白糖、豆豉、料酒等	麻辣味厚，咸鲜而香	辣而不燥，麻而不苦
红油味	红油、食盐、酱油、味精等	白糖、香油等	色泽红亮，咸鲜辣香	辣味应比麻辣味的辣味轻
荔枝味	食盐、醋、糖、味精等	姜、蒜、葱等	酸甜适口，味似荔枝	需以适量咸味为基础，重用醋、糖
家常味	食盐、豆瓣、泡辣椒、味精等	姜、蒜、葱、料酒等	色泽红亮，咸鲜微辣	
鱼香味	泡辣椒、食盐、白糖、醋、姜、蒜、葱		咸、甜、酸、辣兼备，姜、葱、蒜香浓郁，色泽红亮	

味 型	主要原料	辅助原料	特 点	注意事项
怪味	食盐、酱油、红油、花椒面、白糖、醋、芝麻酱、熟芝麻、香油、味精	姜、蒜、葱等	咸、甜、酸、辣、麻、鲜、香七味并重	比例恰当，互不抑制

任务3 调色与增香

在菜肴烹制过程中，调色与增香往往与调味同时进行。在加入各种调味品调味的同时，有的调味品也起到了调色或增香的作用。因此，在菜肴烹制过程中，需把握好调味与调色或增香的关系。

9.3.1 菜肴色泽的来源

菜肴的色泽主要有以下3个来源：

1）烹饪原料本身的颜色

红色：番茄、胡萝卜、火腿、香肠、午餐肉、腊肉、红辣椒等。

黄色：韭黄、黄花菜、蛋黄等。

绿色：青椒、西兰花、四季豆、蒜薹、莴笋等。

白色：鸡脯肉、鱼肉、白萝卜、口蘑等。

紫色：紫茄子、紫甘蓝、红苋菜、红菜薹、肝、肾等。

黑色：黑木耳、海参等。

褐色：香菇、海带等。

2）加热形成的色泽

在烹制过程中，原料表面发生变色所呈现的一种新的色泽。加热引起原料变色的主要原因是原料本身所含色素的变化及糖类、蛋白质的焦糖化反应产生的。例如，虾、蟹本身的颜色为青色，加热后变为红色，因青色虾含有虾青素，加热后变成虾红素，而呈现红色。白色的馒头经油炸后变成金黄色，这主要是因为发生了焦糖化反应。

3）调料调配的色泽

常见的有色调味品，如酱油、红醋、各种酱品、糖色等，用来调制褐色、红褐色；番茄酱、红曲米、红油等用来调制红色；蛋黄用来调黄色；蛋清用来调白色；绿色蔬菜汁用来调青绿色；有些还借助于这些调料在加热时的色变，来产生更明快的颜色，如烤鸭烹制时在其表皮上涂上饴糖，经烤制可形成鲜亮的枣红色，便是利用饴糖的焦糖化反应。

9.3.2 菜肴的调色方法

菜肴的调色方法有保色法、变色法、兑色法和润色法4种。

1）保色法

保色法是利用调色手段保护原料本色或突出原料本色的方法。此方法多用于颜色纯正鲜亮的原料。我们在具体运用中常在蔬菜焯水时加入油脂，以形成保护性油膜，隔绝空气中氧气与叶绿素的接触，达到保色的目的。把去皮或切开的土豆、藕、苹果、梨等原料放入水中浸泡，隔绝与空气接触，避免褐变，达到保色的目的等。

2）变色法

变色法是利用有关的调味品改变原料的本色，使烹制的菜肴呈现鲜亮色泽的调色方法。变色法主要利用菜肴在烹制过程中发生焦糖化反应或美拉德反应来改变色泽。例如，在"北京烤鸭"的表面抹上饴糖，可烤制出枣红色外皮。

3）兑色法

兑色法是将有色调味料以一定比例调兑出菜肴色泽的方法，此方法多用于以水为传热介质的烹调方法，如烧、炖、扒、煨等。这种方法在菜肴调色中用途最广。

4）润色法

润色法是在菜肴原料表面裹上一层薄薄的油脂，使菜肴色泽油润光亮的方法。这种方法主要用于改善菜肴色彩的亮度。例如，菜肴出锅前加入明油或红油，就可使菜肴起明发亮。

以上4种调色方法在实际操作中一般不单独使用，而是两种或两种以上方法配合使用，才能使菜肴达到应有的色泽要求。

9.3.3　菜肴香味的来源

1）原料固有的天然香味

原料的天然香味是指原料在烹调加热前，自身固有的香味。如芝麻的芳香味，芹菜的药香味，奶油、奶粉的乳香，水果的果香等。

2）调味品的香气

如花椒、八角、桂皮、茴香、丁香等散发的香味，料酒、醋、酱等经过发酵而产生的香味等。

3）烹饪原料在烹饪加热过程中，因化学反应而产生的香味

这主要是美拉德反应产生的香味。美拉德反应能产生具有芳香气味的醛、酚、醇等物质，另外，类胡萝卜素氧化、降解也能产生香味，如鲜茶叶经炒制产生茶香味。

9.3.4　菜肴增香的方法

增加菜肴的香味使烹制出的菜肴更加诱人。菜肴增香的方法有以下几种：

1）抑臭增香法

抑臭增香法是指利用调味品的特殊香味来消除、减弱或掩盖烹饪原料本身的不良气味，同时突出并赋予原料和调味品的香味。这种方法常用在原料加热前进行增香。

2）加热增香法

加热增香法是指借助热能对原料产生的快速挥发和渗透作用，使调味品受热所产生的香味与原料受热产生的香味相互融合，形成浓郁香味的调香方法。这种方法在调香工艺中使用广泛，几乎各种菜肴都离不开它，我们在具体运用中有炝锅增香、加热入香、

热力促香、酯化增香等操作方式。

3）封闭增香法

封闭增香法属于加热增香法的一种辅助手段。调香时，为了防止长时间加热过程中香味散失，需将原料保持在封闭条件下，以获得更浓郁的香味，这就是封闭增香法。我们在具体运用中有容器密封、泥土密封、面团密封、原料密封、锡纸密封、糯糊密封等操作方式。

4）烟熏增香法

烟熏增香法是一种特殊的增香方法，常以樟木屑、花生壳、茶叶、大米、柏树叶等为熏料，把熏料加热至冒浓烟，产生浓烈的烟香气味作用于原料，使原料带有较浓的烟熏香味。

任务4　调味品的盛装与保管

9.4.1　调味品的盛装保管

盛装调味品容器的材质应根据调味品不同的物理、化学性质进行合理的选用。因调味品的品种很多，有液体、有固体、有易于挥发的芳香性物质，还有的是易于氧化的物质。因此，必须注意盛装容器的选用。

1）调味品存放环境的要求

①环境温度不宜过高、过于潮湿或过于干燥。温度过高，糖易熔化，醋易浑浊，姜、葱、蒜易变色；环境太干燥，姜、葱、蒜易枯萎变质；过于潮湿，酱油易生细菌。

②有些调味品不宜多接触日光和空气。油脂过多接触日光易被氧化；香料多接触空气易使香味挥发。

2）调味品的保管

①应做到先进先用。调味品一般不宜久存，在使用时应先进先用，避免储存过久而变质。

②应充分掌控好数量。需要事先加工的调味品，不宜一次加工过多，如葱、姜、蒜等，应根据需要掌握用量。

③一些酱汁类调味品如番茄酱、芝麻酱、豆瓣酱、辣椒酱等，需在其面上覆盖一层清油，以保持这类调味品不发生霉变。

④水淀粉、湿淀粉最好当日调制当日用完，在使用过程中应勤换水并保证淀粉清洁卫生。一些未使用完又易变质的调味品在收捡时应放入冰箱中储存，无须冷藏的调味品也应加盖密封。

⑤色泽较深的调味品，应经常进行卫生检查，防止蝇虫和其他杂质落入。

⑥不同性质的调味品应分类储存保管。为保证油脂质量，未使用过的植物油脂应与炸过原料的植物油脂分别放置。使用过的油每天应进行去渣处理。

9.4.2　各类调味品的合理放置

在菜肴烹制时要求操作人员动作迅速，调味品使用准确无误。因此，常使用的调味品必

须放在便于操作人员使用的位置，一般的原则是：

①常用的放得近，不常用的放得远。

②先用的放得近，后用的放得远。

③湿的放得近，干的放得远。

④有色的放得近，无色的放得远，同色的调味品应间隔放置。

调味品的放置位置一旦确定后，最好不要随意变动，用了要放回原处，避免用时出错。

1. 调味的作用和基本原则是什么？

2. 常见的基本味和复合味味型有哪些？

3. 菜肴调色的方法有哪些？

4. 菜肴增香的方法有哪些？

5. 如何进行调味品的保管和放置？

项目 **10**

菜肴烹调方法及运用

【教学目标】

知识目标： 了解烹调对菜肴的作用。

能力目标： 正确掌握常用热菜、冷菜的烹调方法，并能合理运用。

情感目标： 遵守操作规范，安全操作，预防受伤。

【内容提要】

1. 烹对菜肴的作用。

2. 调对菜肴的作用。

3. 常用的热菜烹调方法。

4. 常用的冷菜烹调方法。

任务1　烹调的作用

任何一种原料，在经过选料、初步加工（初加工）、切配等操作过程后，就可以进行烹调成菜肴。烹，即原料由生至熟的转换过程；调，就是调味。烹调，就是把原料经过加工切配煮熟加以调味，制成菜肴的操作过程。

10.1.1　烹的作用

1）杀菌消毒

原料无论如何新鲜都带有细菌或寄生虫，如果不经过消毒灭菌处理，人们食用以后就容易致病。温度在80 ℃左右时即可杀死细菌。同时还需根据不同原料的属性、质地、形态，掌握加热时间，并适当翻动，使其均匀受热，以便将原料内部细菌杀死。

2）使菜肴气味芳香

因为任何肉类、谷物等原料入锅烧煮时，即使不加调味品，原料中所含的脂肪、糖类、蛋白质等受热后也能分解出一种芳香的气味，所以，食物通过加热，可散发出香味。

3）烹制成复合味美的菜肴

多数菜肴都由两种以上原料组成，并拥有各自特有的滋味，经过加热后，会相互渗透，

成为复合的美味。如芽菜烧肉，通过加热，两者互相渗透，芽菜中含有肉的味道，肉中含有芽菜的味道，使芽菜和肉都味美可口。

4）使菜肴的色、香、味、形俱佳

菜肴通过加热不仅香味突出，复合味美，而且色、形也更加美观。如芙蓉鸡片在火候掌握得恰当时，颜色洁白，形似芙蓉，不仅滑嫩鲜美，味道可口，而且色、形俱佳。

10.1.2　调的作用

饮食的目的是补充人们在劳动及生活过程中所消耗的能量，满足人体新陈代谢的需要，维持生理机能。不同的原料，通过不同的调味技术、刀工和火候，烹调出色香味形俱佳的菜肴。其中，调是菜肴在烹调中的精髓。概括地讲，调味的作用有以下几点：

1）确定菜肴的口味

每份菜肴特有的滋味主要取决于调味。以炒肉丝为例，烹调时，佐以鱼香味的调味品，就成为鱼香味的肉丝；佐以咸鲜味的调味品，就成为咸鲜味的炒肉丝。以鲜鱼为例，烹调时，佐以糖醋味的调味品，就成为糖醋味鲜鱼；佐以豆瓣味的调味品，就成为豆瓣味鲜鱼。

2）增加美味

有些原料本身的味道很淡薄、单调，如鱼翅、海参、粉条、豆腐等。虽然营养价值较高，但本身并没有什么滋味，必须依靠调味品来增加鲜味，将这些原料烹调成鲜美可口的菜肴。

3）除异解腻

有些水产品和家畜类原料、家禽类原料，往往都有一定的腥膻气味，一部分蔬菜品种中也有一些不良气味。这些影响人们食欲的异味，虽然在原料初加工及预熟处理过程中已经除掉了部分，但是往往不能除尽，必须在调味过程中，使用调味品来抵消或矫正，以除尽其异味。又如有些肉类原料有较重的肥腻感，也可通过调味品的解腻作用，使菜肴鲜美可口。

4）调和荤素及滋味

一般荤、素原料制成的菜肴，都起着调和滋味的作用，如猪肉也与蔬菜一同烹调，猪肉的一部分滋味被蔬菜吸收，蔬菜也减轻了猪肉的肥腻感，两者相辅相成，使烹调后的菜肴滋味更加鲜美。

有些鲜美可口的菜肴，是由多种不同味道的原料融合而成的，如什锦素烩、奶汤大杂烩、红烧什锦、砂锅豆腐之类的菜肴，是由多种原料的滋味，加上调味品互相渗透，融合为一体，使菜肴的色、香、味更加丰富。

5）突出地方菜肴风味的主要标志

因为菜肴的调味都有其地方风味特点，人们一提起麻辣味厚，鱼香味浓的菜肴，就会联想到是川菜中的一大特点，所以，调味在各个地方菜系的不同运用中，既有其共性和普遍性，又有其个性和特殊性，是形成地方风味的重要标志。

6）美化菜肴色泽

烹调原料通过调味品的作用，可以起到增加菜肴色泽的作用，如京酱肉丝、冰糖肘子等菜肴的色泽，就是经过调味品的作用形成的。

7）增强食欲

调味就是使菜肴富有滋味，以增进人们的食欲，增强消化吸收功能，达到饮食的目的。

10.1.3　烹调在整个菜肴制作过程中的地位

烹调在整个菜肴制作过程中有非常重要的地位。

1）菜肴的制作少不了"烹""调"两个环节

菜肴大致可分为冷菜和热菜两类。冷菜，一般都是先烹制，后切配；而热菜，一般是先切配，后烹调。冷菜、热菜都要经过烹调才能装盘上席。

2）烹调能使菜肴具有各自的色、香、味、形

虽然通过初加工和切配，能去掉原料的污秽和杂质，改变原料的形状，而只有通过烹调，原料才能发生复杂的物理变化和化学变化（质的变化）成为菜肴。就是烹调同一种原料，如果用不同的烹调方法，也可制成各种风格的，色、香、味、形各异的菜肴。因此，通过烹调可以制成适合各地风俗习惯、各种口味的菜肴。

3）烹调是技术性、艺术性和科学性的总和

烹调时，火候的大小、时间的长短、调味品的多少以及勾芡、着味、翻锅（旋转）、装盘等方面，均具有一定的技术性和艺术性，需要巧妙地、熟练地加以运用，才能使菜肴的色、香、味、形恰到好处。另外，还要尽量减少原料在烹调过程中营养成分的流失，以提高菜肴的营养价值。

任务2　常用的热菜烹调方法

由于我国各地气候、物产和风俗习惯的不同，因此菜肴的烹调方法也各有不同。热菜烹制方法可分为以油、水、蒸汽、固体、辐射为传热介质的烹调方法和一些特殊烹调方法。制作菜肴时，要善于根据原料、季节、地区、消费者的要求等情况，灵活运用烹调技术，以保证菜肴质量，满足广大消费者的需要。

本项目着重介绍以水、蒸汽、热辐射为传热介质和部分特殊烹调法中具有普遍性的一些烹调方法。

10.2.1　以水作传热介质的烹调方法

1）炖

炖，是将刀工处理后的原料放入合适的锅内，加清水和调味品，用旺火烧沸后，再使用不同的火力较长时间加热，使之成熟的烹制方法。炖菜一般选择大块、整块、肉质较老的原料，烹制时应先将原料焯水或煸炒后放入锅中，一次加足水，酌量加入姜、葱、料酒等。先旺火煮沸，去除泡沫，再小火或大火炖至软透为度。炖制菜肴的特点是形态完整，原汤原汁，汤醇味鲜。炖制菜肴一般是在成菜时加味（盐）即成。菜肴有虫草鸭子、贝母鸡、清炖牛尾汤等。根据各地的操作方法和菜肴的不同要求，炖可分为清炖、侉炖、隔水炖等。

2）煮

煮，是将加工处理成小型的原料放在汤锅中，用旺火或中火进行短时间加热至熟的一种

烹调方法。煮制时，汤要宽，火要旺，原料多选用质地较嫩的动物类原料或蔬菜。动物类原料一般都应先上浆。煮制菜肴的特点是：汤宽味鲜、清香、质地细嫩爽口。菜肴有白菜豆腐汤、酸菜鸡丝汤等。

3）烩

烩，是将两种以上成熟或易熟的原料放入锅中，加汤和调味品用中火进行短时间加热至熟，起锅勾上薄芡成菜的一种烹调方法。烩制菜肴的原料一般需进行预熟处理，通常选择质地柔嫩、极易成熟、口味清淡的原料。烩制菜肴一般常使用奶汤和无色调味料，忌用重油。烩制菜肴的特点是用料多样，色彩丰富，汤汁宽厚合一，口味鲜醇，清淡爽口。菜肴有八宝素烩、番茄烩鸭腰、鸡皮鱼肚等。

4）烧

烧，是将原料经炸、煸、煎或炒等预热加工，然后加调味品、水或汤汁，用旺火烧沸，再用中火或小火使原料入味，最后用大火收稠汤汁的一种烹调方法。可用于烧制菜肴的原料众多，原料可以是整块、大块或碎散的。烧制菜肴成菜后多数要勾芡，也有不勾芡的。烧制菜肴的一般特点是质地软糯，口味鲜浓，亮汁亮油，色泽美观。烧制烹调方法按其所用的调味品的颜色和芡汁性质的不同可分为红烧、白烧、干烧。菜肴有红烧肉、干烧鱼、浓汁烧鱼肚等。

5）焖

焖，是将初加工后的原料经煸炒或过油后，加适量汤汁和调味品，用大火烧沸，撇去浮沫加盖用中火或小火进行较长时间加热成熟的烹调方法。焖制菜肴操作的主要特点是汤汁需一次性加足，烹制过程中需加盖，不能走气，保持原汁原味，使汤汁自然浓缩黏稠并渗入原料内部，使烹制成的菜肴味感增强。用焖的烹调方法制成的菜肴，起锅是否勾芡，要视原料的性质确定。一般是含动物类胶质重的菜肴不勾芡，植物类的菜肴要勾芡。焖制菜肴的特点多具有汁浓味鲜、耙糯软嫩、形态完整的特点。菜肴有黄焖鸡、黄焖鱼翅等。

6）煨

煨，是指将初加工的原料经焯水或过油后，放入陶制盛器内，加姜、葱、料酒等调味品和清水，加盖用微火进行长时间加热成熟的一种烹调方法。煨制菜肴在原料选用上多用动物类原料和干果、豆类等。烹制时必须一次将水加足，用旺火烧沸，除去浮沫，加盖密封用微火加热（使汤沸呈现菊花泡状）使原料熟透软糯。煨制菜肴的特点是：汤汁适度、稠而不糊、味鲜醇厚、软糯肥美、形整不烂。菜肴有坛子肉、红枣煨肘、东坡肉等。

7）水滑溜

水滑溜，是指将加工处理成小型的动物类原料放入沸水中加热至刚熟时立即捞出，再放入炒锅内投入辅料，烹入调味汁快速成菜的一种烹调方法。水滑溜菜肴，应选用质地细嫩无骨、形小的原料。水滑原料时水应宽，原料上浆应均匀，溜制时火力应旺，快速收汁成菜。水滑溜菜肴的特点是色泽美观、质地细嫩、味鲜清爽。菜肴有水滑溜虾仁、水滑溜鸡丝等。

10.2.2　以油作传热介质的烹调方法

1）炒

炒，是指将加工成丝、片、丁等小型原料放到加了油的炒锅内，在旺火上快速成熟的一种烹调方法。此法适用于烹制质地较嫩脆的动、植物类原料。操作时，应先将炒锅烧热再下油。一般选用旺火和中、高油温。它具有小锅单炒，不换锅，不过油，临时调味，急火快炒，一锅成菜的特点。炒时所用油温的高低与火力大小应根据原料性质、数量及成菜要求来确定。根据所用原料的生、熟和原料状态又可分为生炒、熟炒、软炒3种。菜品有回锅肉、盐煎肉、土豆泥等。

2）煸

煸，又称干煸，是川菜特有的烹调方法。煸的菜肴，用少量油，中火加热，使原料脱水，并使调味汁充分渗入原料内部，成菜后达到干香酥软化渣的一种烹调方法。煸多选用纤维较长、组织结构紧密的动物类原料和含水量较少的根茎和豆荚类原料，煸具有烹制前不调味、不挂糊上浆、不勾芡的3个特点。菜肴特点是质地酥软化渣，味鲜而浓郁爽口。菜肴有干煸牛肉丝、干煸鱿鱼丝、干煸冬笋等。

3）炝

炝，是将主料直接放入较高油温的锅中快速翻炒，使主料吸收干辣椒、花椒为主要调味品香味的一种烹制方法。炝多用于质地嫩脆的蔬菜类菜肴。烹制时，将原料切成片、丝、丁、小一字条，根茎类原料烹制前可用盐腌渍一下，叶菜类原料和本身形小的原料不宜腌渍。先将干辣椒节和花椒投入旺火、中温油锅，炒出香味，待干辣椒呈棕红色时立即投入主料快速翻炒，使主料断生入味即可。炝制菜肴的特点是质脆嫩爽口，煳辣味浓郁。菜肴有炝莲白、炝绿豆芽、炝豌豆苗、炝黄瓜等。

4）爆

爆，是将质地脆嫩的动物类原料，经过精细加工成小型原料放入油锅中，用旺火高油温快速加热成菜的一种烹调方法。爆的最大特点是：加热时间极短，所选用的原料质地脆嫩，刀工处理讲究精细，厚薄粗细一致。具体烹制时，先将调味品兑成味汁芡，再将原料进行码味上浆，入高温油内炒散，待原料花纹卷曲时迅速下辅料和味汁芡，快速翻簸成菜。爆的菜肴的特点是形色美观，脆嫩爽口，味鲜清淡，味汁包裹均匀。菜肴有火爆肚头、火爆鱿鱼等。

5）炸

炸，是将经过加工处理后的原料，通过码味、挂糊（或不挂糊）放入温度较高、较多的油中进行加热，使成品达到焦、脆、软、嫩或酥香等不同质感的烹调方法。炸制烹制法具有火力旺、油量多的特点，用这种方法烹制的菜肴一般需先用调味品拌味浸渍，成菜后可随带辅助调味品上席。根据成菜要求的不同可重复炸两次，也可炸一次成菜。因此，采用此方法烹制的菜肴具有香酥、嫩脆、松软或软糯的不同特点。由于所用原料的质地、糊浆和成菜质感的不同，炸可分为清炸、干炸、软炸、酥炸、卷包炸等方式。菜肴有椒盐八宝鸭、软炸肚头、蛋酥鸭子、网油鸭卷等。

6）熘

熘，是将加工处理成小型的原料，经调味拌渍，挂糊上浆后，用炸或滑油的方法加热成熟，然后烹汁或挂芡汁成菜的一种烹调方法。根据成菜质感的要求、选料和油温的不同，熘可分为炸熘、鲜熘。菜肴有糖醋脆皮鱼、鲜熘鸡丝等。

7）煎

煎，是将加工处理后的原料布满在加了少油量的锅中，用中、小火进行较长时间加热至原料两面呈现金黄色的一种烹制方法。煎制菜肴的原料一般为扁平形，在烹制中可使原料直接成菜称为直煎法，也可与其他烹调法配合成菜称为合成煎法，其中合成煎法又可分为煎烧和煎烹。菜肴有椒盐虾饼、家常豆腐、合川肉片等。

8）贴

贴，是将经过刀工处理后的几种原料黏合在一起，呈长方形或菱形，放入炒锅内用小火进行较长时间加热成熟的一种烹调方法。贴的菜肴底板多用猪肥膘肉（有的菜肴是在主料的皮面上拖一层糊做底板），呈片状形。主料应选用质地嫩、脆、鲜的原料，如鸡片、鱼片和腰片等。贴原料前必须拌上调味品并上浆，肥膘肉做底板应注意去掉表皮的油腻，扑上淀粉后再上浆黏合。原料坯下锅时不能重叠，并将底板朝下，用小火、小油量将底板煎贴至呈金黄色和酥脆时，待上面的主料成熟时淋上少量麻油，煎出香味即可。上桌时，配上生菜同食。贴制菜肴的特点是底板金黄酥脆，主料鲜嫩松软。菜肴有锅贴虾仁、锅贴鱼片等。

9）烘

烘，是将原料放入加了适量油的炒锅中，加盖用小火进行较长时间加热，使原料两面松酥内部熟透的一种烹调方法。烘主要用于烹制以蛋品为原料的菜肴，具体烹制时，将蛋和配料、调味品充分搅匀，投入中油温的锅中加上盖，转小火，烘至一面松酥呈金黄色时，再将主料在锅内翻面加盖，烘至另一面也松酥呈金黄色熟透即可。根据菜肴味型的不同要求，有的还要调味汁浇在菜肴上食用。烘制菜肴特点是皮松酥内松泡，软嫩而味鲜香。菜肴有椿芽烘蛋、鱼香烘蛋、金钩烘蛋等。

10.2.3 用蒸汽或热辐射传导的常用烹调方法

1）蒸

蒸，是指将经过加工处理和调味后的原料，装入盛器内，再放入蒸笼中加热使食物成熟的一种烹调方法。这种方法使用比较广泛，它不仅用于蒸制菜肴，而且还用于一些菜肴的预熟处理和菜肴的保温。蒸制的菜肴，由于原料不需要翻动，受热均匀，因此具有菜肴原形不变、原味不失的特点。用蒸法烹制的原料非常广泛，无论是小型、整型或大型原料，还是半流质状态的原料，或是质老难熟的原料，还是质嫩易熟的原料，都可以蒸制成菜肴。蒸制操作关键是：根据菜品口感要求和原料本身的性质，正确选用火力和加热时间。一般要求是：原料质地较嫩，菜肴质感要求是细嫩的，应选用旺火沸水速蒸，原料刚熟为佳。如果蒸过头，原料质地会变老。凡是原料质地变老、体形大而菜肴又要求蒸制得软酥糯的，应选用旺火沸水长时间加热。原料质地较嫩，经过较细加工后的蓉泥或半流质的，要求保持鲜嫩的，应选用小火沸水进行较长时间的加热。操作中，由于加工处理的方法不同，通常又分清蒸、旱蒸、粉蒸3种方法。菜肴有清蒸全鸡、旱蒸鸭、粉蒸肉等。

2）烤

烤，就是利用火或电的辐射热和空气的对流直接把原料制熟的一种烹调方法。此法一般以柴、炭作燃料或以电、天然气为热能，适用于鸡肉、鸭肉、鱼肉、乳（奶）猪、牛肉等大块或整只原料。烤制原料在烹制前，一般都要经过码味、出坯或瓤馅、包裹等操作工序，烤制菜肴具有色泽金黄发亮、皮酥肉嫩、香味醇浓的特点。根据操作设备不同，分暗炉烤和明炉烤两种。菜肴有烤鸭、叉烧鱼、烤乳猪等。

10.2.4　其他类烹调法

1）挂霜

挂霜，是指将经过油炸或盐炒后的小型原料，放入糖汁中翻炒，使其表面粘上一层糖霜的烹调方法，挂霜的常用原料有动物类原料与干果类原料。动物类原料过油时需在表面挂糊，干果类原料不需要挂糊。进行挂霜烹调时，最好是同时利用两个锅分别进行原料过油和熬糖汁。在原料表面炸酥后立即投入到用中火熬制已起大泡的糖汁中，并迅速把糖汁与原料拌匀起锅即可，挂霜的部分菜肴起锅时可直接撒糖粉。挂霜菜肴的特点是松酥洁白似霜、味香不腻。菜肴有糖粘花生仁、糖粘羊尾等。

2）拔丝

拔丝，是将原料加工成块、段、球等形后，经挂糊或不挂糊，用油炸至一定成熟度时，放入熬好的糖浆中，待主料裹好糖浆时迅速装盘，食用时用筷子夹起能拔出糖丝的烹调方法。拔丝菜肴的特点是口味甜香、外脆里嫩、明亮晶莹。菜肴有拔丝香蕉、拔丝红薯等。因熔化糖的介质不同，拔丝可分为水拔、油拔、水油混合拔3种。

3）蜜汁

蜜汁，是以蒸汽或水作为传热介质，以糖作为主要调料，把白糖、蜂蜜与清水熬化成浓汁后与加工处理过的原料完全黏裹，然后再经熬或蒸制，使甜味渗透到原料内部，再收浓糖汁成菜的烹调方法。蜜汁在操作过程中可分为熬制蜜汁和蒸制蜜汁，菜肴有蜜汁山药、蜜汁火腿。

4）焗

焗，是运用密闭加热，促使原料自身水分汽化，使食物间接受热至熟的一种烹调方法，焗可分为炉焗和盐焗。采用焗的烹调方法成菜的菜肴一般要求原料应先腌渍，采用盐焗时应选用耐高温的材料包裹原料，并将原料包裹严密。焗的菜肴具有质地酥烂、香浓味鲜的特点。菜肴有东江盐焗鸡、玫瑰酒焗乳鸽等。

任务3　常用的冷菜烹调方法

10.3.1　炸　收

炸收，是指将清炸后的半成品放入锅内，加少量鲜汤和调味品，用中、小火进行较长时间的加热，使其回软汁干入味的一种方法，炸收主要适用于动物类原料和豆制品原料制作的菜肴。具体操作步骤是：先将原料处理成片、丁、丝等形状（其成形规格比熘、炒的方块大），然后用调味品拌匀浸渍后投入油锅中，用中火中油温炸上色后捞出。锅内留余油，下调味品炒香出色，掺入鲜汤，将原料投入汤汁内用小火慢收至汁干油亮即可。其菜肴特点是：酥软化渣、色泽棕红、香味浓郁。菜肴有陈皮鸡丁、芝麻肉丝、麻辣豆干等。

10.3.2　余　炸

余炸，是指将经加工处理的原料放入3～4成油温的油锅中，随着油温慢慢升高，使其炸透成熟的一种方法。此法的关键是：控制好油温的回升速度，不能使油温回升过快，以免造

成外焦而内未熟透的状况。余炸方法多用于质地结构紧密的原料，其菜肴特点是质松脆，色美观，香味浓郁。菜肴有翡翠松、灯影牛肉、油酥花生等。

10.3.3 冻

冻，是指利用原料本身的胶质或添加猪皮、琼脂等经过长时间熬制，使菜肴凝结在一起的一种方法。冻的制品可分为甜、咸两种口味。咸味冻多用猪肘、鸡、鸭等原料制成菜肴，冻料多用猪皮。甜味冻，多用鲜果原料制成菜肴，冻料则只用琼脂。在具体熬制时，咸味冻用清汤，冻熬好后调味，用肉蓉子清扫几次。冻制的原料，都要先制成熟品，再加工成形，上桌食用时，可配上味碟。甜味冻用糖水，制冻的原料也应该刀工处理成小而薄的形状，装入盛器内，将熬好的琼脂和糖水勾兑好，灌入盛器内冷却即可，其菜肴的特点是晶莹透明、鲜嫩或软嫩爽口。菜肴有冻蹄花、水晶鸭脯、龙眼冻、什锦果冻等。

10.3.4 烘 焙

烘焙，是将经过加工处理的原料放入锅内，酌情放入清水和调味品，用微火久烤至酥松取出，再用小火烘焙成菜的一种方法。烘主要适用于含纤维多的动物类原料。烹制时，将主料、清水、盐、胡椒、姜等调味品放入锅内，用微火进行长时间加热至酥松，待锅内汁水快干时将主料捞出，用干净的纱布包好，用手反复搓揉成丝状装入瓷盘中置烘炉内烘干水或直接放入铁锅内用微火焙干而成菜。操作时，应注意烤和烘焙原料时的火力：烤时火力过小，原料不能充分脱脂、脱胶、汁水易干，原料不易酥松，揉搓时不易成丝状；烘焙的火力过大，会使原料表皮焦化成坨，内部水分不易散发，同时也影响其揉搓成丝绒状的效果。其菜肴特点是松软化渣，咸味鲜美，丝绒均匀。菜品有鸡松、肉松、牛肉松等。

10.3.5 卤

卤，是将经过加工处理的原料，放入特制的味汁中，加热成熟入味的一种方法。适合卤制的原料很多，家禽家畜及内脏、蛋、豆制品等。烹制时，原料应先焯水或腌渍，卤制的原料宜大块或整形，所用火力应先用旺火，待卤水沸后，加盖以小火慢煮，使原料上色入味成熟后捞出，冷却后即可刀工处理、装盘成形。根据菜肴色泽的要求不同，卤可分为红卤和白卤。红卤重用有色调味品，如糖色、酱油等。有色调味品的用量，以卤制品呈金红色为宜。白卤不加糖色和酱油，色泽很浅。卤制品的关键在于卤水的配制和保存。配制成的卤水，保存的时间越长，香味越浓。因为卤水中所含的可溶性蛋白质等成分越来越多，再者，每次卤原料时应添加新的香料，还要酌情调咸淡，并应视卤制品色泽，酌情加放糖色，以保证制品的色泽。储存卤水忌用铁器或木器，宜用陶器，卤水表面应覆盖一层薄薄浮油，每隔几日应将卤水煮沸一次，用箩筛过滤或用鸡血、肉蓉子清扫一次，这样才能保证卤水的质量。其菜肴的特点是香味浓郁，质鲜嫩软糯。菜肴有卤鸭、卤鸡等。

10.3.6 熏

熏，是指将具有某种香味的材料燃烧时的烟香气，扩散到原料中去的一种方法。熏不能直接成菜，一般要配合运用其他烹调方法才能成菜。熏有熟熏和生熏两种方法。熏的菜肴的特点是滋味芳香、色泽美观。菜肴有烟熏排骨、烟熏鸭脯等。

10.3.7 拌

拌，就是把经加工处理成小型的生料或熟料加调味品拌匀入味成菜的一种方法。拌在冷菜中运用非常普遍，具有取料广、变化大、味型多、品种丰富、适应性强等特点。在拌制前，原料有一个腌渍或预熟处理的工序。拌菜中的动物类原料大多经过煮或烫熟，晾冷后再进行切配拌制。植物类原料除可熟拌外，也可用生料拌制，再切成小型原料腌渍拌制。拌制的要领是：应选用细嫩鲜香的原料，注重对半成品的预熟处理，掌握好火候。调味应从整体上考虑味型的配合，应用相应调味方式，进行淋味、拌味或蘸味。装盘调味的菜肴不宜久放，应及时上桌。拌制菜肴的特点是色泽美观、口味多样、鲜脆软嫩、爽口不腻。菜肴有红油鸡块、蒜泥白肉、四味鲍鱼等。

10.3.8 腌

腌，就是将加工处理的原料放入调味汁中拌和，以去除内部水分，使原料入味的一种方法。这里的腌与一般的腌咸肉、腌牛肉的腌法不同。冷菜腌法中，根据使用的调味汁不同，一般可分为糖醋腌、醉腌和糟醉腌3种，其特点各异。菜肴有四味醉虾、糟醉冬笋、珊瑚雪莲等。

1. 烹的作用有哪些？
2. 调的作用有哪些？
3. 结合本地菜肴的烹调方法思考其操作过程和特点。

项目 **11**

菜肴和宴席的配制工艺

【教学目标】

知识目标：了解配菜的作用、基本要求、原则和方法，宴席菜肴的配制、宴席及菜肴的命名方法。

能力目标：能正确掌握各种菜肴的配菜、宴席菜肴的配菜和宴席及菜肴的命名方法。

情感目标：以"营养、卫生、科学、合理"为原则进行组配各类菜肴。坚持标准，厉行节约，讲究质量，注重信誉，团结协作，在菜肴配制工作中具有团队合作精神和集体主义观念。

【内容提要】

1. 配菜的作用。
2. 配菜的基本要求、原则、方法。
3. 宴席菜肴的配制。
4. 菜肴和宴席的命名。

任务1 配菜的作用

配菜是根据菜肴成菜的质量要求，将加工处理后的烹饪原料，依据一定的原则，有组织地进行合理搭配，使其构成一个可烹制完整的菜肴或可直接食用的菜肴的过程。

配菜是一项技术性较强的工作，首先要求厨师有较全面的烹调知识，如对烹饪原料的性质，营养成分的构成，烹制过程中的各种变化，相应的烹调方法及烹制后的成菜的质量等都要做到了如指掌。

11.1.1 确定菜肴的质和量

菜肴的质，主要是指构成一道菜肴所使用烹饪原料的内容，包含原料的选用和搭配的比例。菜肴的量，则指一道菜肴中所包含的各种原料的分量。这两者都需要通过配菜来确定。在配菜的过程中，选用何种品质的原料来配菜，掌握好用料分量和各种原料的搭配比例是确定菜肴质量的一个基础条件。如果选料失误或用料分量和搭配比例不当，即使烹调技术再高也无法改变这个菜肴的成品质量。因此，配菜是影响菜肴质量的决定因素。

11.1.2　确定菜肴的色、香、味、形、器

一道菜肴的色、香、味、形、器是依靠配菜来确定的。配菜时，应根据菜肴成菜的要求将各种不同色泽、不同香味、不同或相同形态的烹饪原料适当地组合在一起，配以相适应的盛器，使之成为一个完美的整体。首先，从刀工处理后的原料形态上讲，如果搭配不协调、不恰当，即使刀工很精细，整盘菜肴仍达不到美观的要求。菜肴的色、香、味主要通过加热和调味实现，不能在配菜中直接体现。但因各种原料都有其特定的色泽、香味和口味，把几种不同的原料合理地搭配在一起，才能使它们之间的色、香、味相互融合，相互补充，满足成菜的质量要求。如果搭配不当，各种原料的色、香、味不仅不能互相补充，反而互相排斥、互相掩盖，色、香、味就会遭到破坏。同时，菜肴成菜后在色泽、汤汁、温度、造型等形式上各不相同，因此必须选用相适应的盛器进行盛装，满足菜肴整体质量要求。由此可见，配菜是确定整个菜肴色、香、味、形、器的重要因素。

11.1.3　确定菜肴的营养价值

人体所需的糖类、脂肪、蛋白质、维生素、矿物质和水等广泛存在于各类动植物类原料中。因为不同的原料，所含的营养成分不同，而人体对营养元素的需要是多方面的，某一种营养元素过多或过少都没有益处，所以，菜肴中营养元素的配合应力求合理而全面，而配合是否适当，要依靠配菜来确定。例如，肉类中含有较多的蛋白质和脂肪，在配菜时就应从荤素兼配的角度出发，合理搭配富含维生素、矿物质的植物类原料。

11.1.4　确定菜肴的成本

配菜时，原料选用是否精致、用量的多少，直接影响菜肴的成本。如果配菜时用料的品质、分量不准确，主料和辅料的搭配比例不适当，将影响菜肴的质量和成本。因此，配菜是控制菜肴成本、加强成本核算的重要环节。

任务2　配菜的基本要求、原则、方法

11.2.1　配菜的基本要求

配菜是确定菜肴质量的基础，在菜肴制作的全过程中占有非常重要的地位，涉及面广，需掌握内容较多。要做好这项工作，必须既熟悉有关业务，又通晓有关知识。具体要求如下：

1）熟悉和了解原料

因为不同的菜肴是由不同的烹饪原料搭配烹制而成的，所以配菜工作首先应掌握烹饪原料的相关知识。由于不同的烹饪原料性能不同，在烹调过程中会发生不同的变化，

因此配菜时就必须了解烹饪原料加热前后的不同变化，在对烹饪原料进行适当处理后再进行合理的搭配，以适用于所采用的烹调方法，满足成菜的要求。

烹饪原料的供应不是一成不变的，而是随着上市季、企业备货等情况的变化而变化。因此，配菜人员对烹饪原料供应情况必须做到心中有数，才能确保菜肴品种的供应。同时，了解市场和企业的烹饪原料供应情况，可充分利用市场上供应充足的原料品种，适当压缩市场上供应紧张的原料品种，并利用代用品制造出新的菜肴。也利于原料的先进先出，确保原料的新鲜。

2）熟悉烹调方法、精通刀工、了解菜肴成菜特点

我国的菜肴品种繁多，每个菜肴都有各自的名称、刀工形态、配料标准、烹调方法和成菜要求。因此，配菜人员必须对这些要求了如指掌并熟练运用，才能使配制出来的菜肴符合要求。

3）掌控净料成本，选用适当器皿

每个菜肴都有一定的质量标准。为此，配菜人员必须掌握菜肴所用净料的质量及其成本，并选用适当的盛器。

4）注意营养成分和清洁卫生

因为菜肴中原料的搭配，一般是符合营养原则的，但也有些菜肴在配菜时对营养成分的相互搭配和相互补充注意不够，所以在配菜时应考虑到各种营养成分的合理搭配，力求易消化吸收。同时，配菜时应保证所用原料符合食品卫生的要求。

5）具有审美感

配菜人员还应具有美学知识，懂得构图和色彩的基础原理，以便在配菜时使各种原料在形态、色彩上彼此协调，增强菜肴的艺术感。

6）能够推陈出新，创新菜肴品种

配菜人员不仅能够配制传统菜肴，还应不拘陈规，设计出色、香、味、形、养更好、更新颖的菜肴，以满足广大消费者的需要。

7）利于后续工作人员操作

一道菜肴往往包含着多种主料和辅料，在配制时应将各种原料分别摆放在盘中，不能相互混在一起，以利于后续工作人员烹调时选用。

11.2.2 配菜的原则

配菜的好坏，关键是各种原料的搭配是否得当，主要是主料和辅料的搭配是否得当。所谓主料，是指在菜肴中作为主要成分、占主导地位、起到突出作用的原料。辅料是指配合、辅佐、衬托和点缀主料的原料。配菜的一般原则如下：

1）量的配合

以一种原料为主料，主料应多于辅料，突出主料；主料是由几种原料组成，这几种原料的用量应基本相等；由单一原料构成的菜肴，只需按照一份菜肴的量进行配菜。

2）色的配合

配菜中色的配合主要是主料、辅料在颜色上的配合，一般是辅料衬托主料。通常采用的配色方法有顺色、岔色两种。顺色即主料、辅料都取用一种颜色。如"糟熘三白"，一般是由鸡片、鱼片、笋片配成，这3种原料烹调后都保持其固有的白色，看起来很清爽。岔色就

是主料、辅料取不同的颜色。这种配法最为普遍，如"鲜炒虾仁"中配以青豆，成菜是白绿相间，把虾仁烘托得更为鲜明悦目。

3）香和味的配合

菜肴中的香和味，虽然经过加热和调味以后才能表现出来，但大多数烹饪原料本身就具有特定的香和味，并不单纯依靠调味品调味。因此，配菜人员既应了解烹饪原料未成熟前的香和味，又应知道成菜肴后香和味的变化，才能很好地掌握好配菜。香和味的配合方法大致以主料的香和味为主，辅料适当衬托主料的香和味，使主料的香和味更突出；以辅料的香和味补主料不足的，有些主料本身香和味较淡，可用香和味较浓的辅料弥补；主料的香和味过浓或者过于油腻，可配用多款清淡的辅料适当调和冲淡，使制成的菜肴味道适中。

4）形的配合

形的配合其一般原则是辅料适应主料的形状，衬托突出主料，如主料是块形，辅料也应当是块形；主料是片形，辅料也应当是片形。这种方法，即所谓"块配块""片配片""丁配丁""丝配丝"，但不论是何种形状，辅料都应小于主料。但有些经花刀处理后原料成特殊形状的菜肴在配菜时应根据特定的要求进行主料、辅料形状的配合。

5）质的配合

在菜肴质的配合中我们常采用两种方法：一种是主料与辅料的质地相同，即主料的质地是脆性的，辅料的质地也应是脆性的。主料是软的，辅料也应是软的。另一种是主料与辅料的质地不同，即主料的质地是绵软的，辅料的质地可能是脆性的；主料是脆性的，辅料的质地可能是绵软的。这种主料、辅料质地不同的配合方法需根据菜肴的特定要求来实施。

11.2.3　配菜的方法

配菜的基本方法可以分为配一般菜肴和配花色菜肴两类。一般菜肴比较朴实，花色菜肴偏重技巧。现将这两类菜肴的基本方法分述如下：

1）配一般菜肴

配一般菜肴配菜时可按所用的原料多少来进行划分，可分为：配单一原料，配主料、辅料，配不分主次的多种原料3大类。配一般菜肴的配菜方法较为简单，按照前面所述的配菜基本要求和原则来实施就可以达到菜肴成菜的质量要求，在这里不过多叙述。

2）配花色菜肴

花色菜肴又称为造型菜肴，形式多样，千姿百态，配菜者需具有高超的技艺，因而花色菜肴的配菜方法也是一种技艺手法的体现。花色菜常用配菜方法见表11.1。

表11.1　花色菜常用配菜方法

名　称	备　注
贴	贴就是指用糊状的烹饪黏合剂把几种不同质地的烹饪原料，间隔相叠粘在一起成相同形状半成品的加工方法。例如，锅贴鸽蛋就是将鱼肉、鸽蛋、肥肉膘或土司切成同样大小的长方片，把它们整齐、间隔地叠在一起，中间抹上一层鸡蛋糊使其黏合，下锅煎制而成
酿	酿就是指将刀工处理成细小状态的烹饪原料，拌好味后填进另一种已加工整理好的主料中的一种半成品加工方法。一般酿后的原料须结合蒸或炸的烹饪方法成菜，如八宝鸭、糯米鸡等菜肴

续表

名　称	备　注
扣	扣就是指把烹饪原料按照所需图案的要求整齐地摆在碗内，成熟后覆扣在盛器内，使之具有美丽图案的加工方法，如龙眼肉等菜肴
扎	扎也称捆，就是将主要原料加工成条或片，再用黄花菜、海带、干菜丝等将主料一束一束地捆扎起来，如柴把鸭掌、柴把鸡等菜肴
包	包就是把整只或加工成丁、条、丝、片、块、蓉、末等形状的烹饪原料，用玻璃纸、豆腐皮、荷叶、粉皮、蛋皮、油皮等包成各种形状的加工方法，如纸包鸡、素八宝鸡、素明虾等菜肴
卷	卷是把成片状的烹饪原料为皮，内裹馅料卷圆形、如意形的加工方法，如三丝鱿鱼卷、紫菜卷等菜肴
蒙	蒙就是将制好的糁黏裹在鲜嫩蔬菜或细嫩的烹饪原料上的加工方法。一般蒙制后的原料需放入清水中加热至熟，配以高级清汤成为高级汤菜，如鸡蒙菜心等菜肴

除上述几种花色菜肴配菜的方法外，还有模压、捏包、嵌入等多种花色菜肴配菜方法。

任务3　宴席菜肴的配制

我国幅员辽阔，民族众多，各地方菜系的宴席风格各异，宴席种类繁多，内容十分丰富，因而宴席菜肴也形式多样、方法各异，配菜人员要结合具体要求进行配制，从多方面满足消费者的需要。宴席配菜是根据设宴的要求，选择多个菜肴进行搭配组合，使其构成具有一定规格质量的整套菜肴的设计和编排过程。

11.3.1　宴席配菜的原则

1）讲究营养，务求实惠

在宴席配菜时，必须注意荤素搭配，原料多样化，使人们能从不同的食物中获得所需的各种营养元素。同时，在配菜时还需从可口、实惠、经济、节约的角度进行操作。

2）注意顺序，按价配菜

一般来说，宴席上菜顺序是先冷菜，后热菜；热菜中先上酒菜，后上饭菜；先上咸味菜，后上甜味菜；先上浓味菜，后上清淡菜；先上重点菜，后上一般菜；浓菜和汤汁较多的菜肴穿插在行菜中，点心配大菜上；水果最后上。高级宴席应配入珍贵原料烹制的菜肴并上一些工艺菜、名菜、名点；中级宴席配入中档菜点；普通宴席配大众化菜点。

3）突出风味，显示特色

宴席配菜时应将一些名菜、名点和具有独特风味或本地特色的菜肴配入其中，显示地方特色。

4）清鲜为主，浓淡相益

宴席配菜时应尽可能突出原料的本味。同时，应做到菜肴浓淡相益，有浓有淡，让消费者感觉回味无穷。

5）工艺多样，形色多变

宴席配菜时，除讲究原料选用、味型组合外，还需注意质感的配合。因此，配菜时应选用多样化的烹制工艺并注重菜肴的造型、色泽等。

6）因人而异，因时配菜

因为不同民族、职业、年龄的消费者有不同的饮食习惯，所以，配菜时应充分考虑这些因素。随季节不同，所产原料和消费者的口味也不尽相同，配菜时也应充分考虑这些因素。

11.3.2 宴席菜的构成

一般宴席中主要有凉菜、热菜、饭菜、小吃、水果5项内容。

1）凉菜

凉菜，又称冷盘、冷荤、拼盘。用于宴席的凉菜形式有彩盘、大拼盘、单碟、对镶、攒盒等。常见的冷盘形式见表11.2。

表11.2 常见的冷盘形式

名 称	表现形式	适用对象
彩盘 （又名彩拼）	运用各种冷菜，进行美化造型，以食用为主并可供观赏	多用于高级宴席（大型彩盘可配围碟上席）
大拼盘 （又名什锦拼盘）	运用荤素冷菜，在较大型的盘子中构成较简单的图案	一般单独上席，多用于中级宴席
单碟	运用荤素冷菜，在各类小型的碟子中构成简单造型。要求荤素兼备，色、味、质有别，造型各异	根据就餐人数多少使用，可用于中、低级宴席
对镶	在条形盛具中摆放两种不同的冷菜。要求荤素兼备，色、味、质有别	根据就餐人数多少使用，可用于中、低级宴席
攒盒	运用荤素冷菜，在一个盒子构成对称的图案	一般单独上席，多用于中级宴席

2）热菜

热菜也叫大菜、主菜、正菜，一般由6～9道菜肴组成。热菜名称和说明见表11.3。

表11.3 热菜名称和说明

名 称	说 明
头菜	头菜是一桌宴席正菜中第一个上桌的菜肴，也是一桌宴席中最高质量的菜肴，头菜决定着宴席的规格等级

续表

名　称	说　明
酥炸菜	酥炸菜是指多采用炸、烤烹制法制作的菜肴，可配点心、葱酱和生菜上桌
二汤菜	二汤菜是指多采用特制清汤制作的、具有新鲜的菜肴，可配咸味点心，起调解油腻的作用
行菜	行菜是指多采用不同烹制法制作的各式菜肴，一般多采用动物类原料为主料进行烹制，要求味型多样，烹调方法多样，数量较多
素菜	素菜是指多采用笋、菌或其他时令植物类原料烹制菜肴，具有新鲜的特点
甜菜	甜菜是指呈单一甜味的菜肴，可配甜汤、甜点
座汤	座汤是指多采用蒸、炖、煮、氽等烹调方法制作的汤菜

3）小吃

多选用具有地方特色的风味小吃，一般选用2～4个品种上桌。常采用咸、甜和干、湿结合上桌。

4）饭菜

多选用一些快速烹制成菜的菜肴，易于下饭，讲究荤素搭配。

5）水果

选用时令鲜果，一般选用1～2种上桌，高档宴席也可上果盘。

11.3.3　宴席中各类菜肴的比例关系

在配制宴席菜时，应注意凉菜、热菜、小吃、饭菜、水果在整个宴席中的比例，以保持整个宴席中各类菜肴搭配的均衡。

1）一般宴席

凉菜约占15%，热菜占75%～80%，小吃和水果约占5%。

2）中等宴席

凉菜约占20%，热菜占70%～75%，小吃和水果占5%～10%。

3）高级宴席

凉菜占25%～30%，热菜占65%～70%，小吃和水果占10%～15%。

宴席中各类菜肴的比例也不是一成不变的，可根据宴席的规格，本着因地制宜的原则灵活掌握。

任务4　菜肴和宴席的命名

11.4.1　菜肴的命名方法

菜肴的命名涉及面广，而且包含的内容也较多，菜肴的命名往往与使用烹调方法、色

124

彩、质地、口味、形态、地方特色、历史典故、诗词、谐音等有很大的关系。具体菜肴命名方法有：

1）按烹调方法和主料、辅料名称命名

这种命名方法最为普遍，使人容易了解菜肴的全貌和特点，从菜肴的名称上看，既能反映出所使用的主辅料，也能体现烹调方法，如"干烧江团""软炸大虾""韭黄炒肉丝"等。

2）按特殊的辅料扣主料名称命名

这种命名方法突出了菜肴的特殊辅料和主料，一般都是在主料前冠以特殊的辅料，如"桃仁鸡丁""虫草鸭子"等。

3）主料前冠以色、味、香、形、质等显著特色的命名

这种命名法反映了菜肴的色、味、形。如"五彩鱼丝""麻辣豆腐""五香牛肉""松鼠鱼"等。

4）按调味品和主料命名

这种命名的方法较为常见，其特点是从菜名反映出菜肴主料的口味和调味方法，进而了解菜肴的口味特点，如"糖醋排骨""蚝油生菜"等。

5）按菜肴的色泽命名

这种命名方法便于突出菜肴成品的色泽，如"翡翠虾仁""芙蓉鸡片"等。

6）按菜肴的形状命名

这种命名方法多为一些工艺造型要求高的菜肴所采用，如"蝴蝶海参""绣球鱼翅"等。

7）按地名、人名命名

在一些传统菜肴中多以人名、地名来命名，具有地方文化特色。这种命名方法能清楚地反映菜肴的起源或人文背景，如"北京烤鸭""西湖醋鱼""宫保鸡丁""麻婆豆腐"等。

8）主料前冠以烹制器皿种类的命名

这种命名方法能清楚地反映出烹制及盛装菜肴的器皿和主要的原料品种，如"坛子肉""砂锅鱼头"等。

11.4.2　菜肴命名的要求

菜肴命名的方法很多，但对一个菜肴进行命名时，应遵循一定的原则。

1）通俗易懂，雅俗共赏

菜名要具有一定的艺术性，菜名的艺术性主要体现在雅致顺口、充满情趣、想象丰富和诱人食欲。例如，大多数艺术彩拼在命名上寓景寓意，增添了艺术性，令人赏心悦目。

2）命名确切真实，符合菜肴的特点

菜肴命名要真实，菜肴所用原料、特点等要与菜名相符，不应在菜名上故弄玄虚、哗众取宠，否则消费者见到实物后大失所望。因此，命名时应该考虑到使消费者看到菜名，就能大致了解菜肴。

11.4.3　宴席的命名

宴席是以某种社交需要，根据接待规格和礼仪程序精心编排的一整套菜品。古往今来名

席众多，风格各异，各有专名。

1）用头菜名称命名

强调头菜的价值、档次和用料的名贵、烹制的精美，如燕菜席、鱼翅席、海参席等。

2）按烹制原料属性或主要用料命名

配以其他原料，烹制成多种菜肴组合成的宴席，如素菜席、海鲜席、全牛席等。

3）以烹调方法命名

将各种原料运用同一种烹调方法制成菜肴组成宴席，向人们展示独特的烹调方法，如烤鸭全席、烤全羊大席等。

4）以风景名胜、历史典故、名人命名

这种宴席突出表现秀美的大好风光和名胜古迹或历史故事等，高雅别致，具有浓浓的诗情画意，如三国宴、西湖十景宴、东坡宴等。

5）以办宴的目的命名

特别突出设宴的目的，讲究席面铺陈和装潢美化，在心理上和感观上取悦宾客，如盛世庆功宴、花甲大宴、百岁盛宴等。

由于我国各地风土人情各异，宴席的种类繁多，因此宴席命名也各有不同。

 **思考题**

1. 配菜有哪些作用？
2. 配菜的基本要求、方法和原则有哪些？
3. 宴席配菜的原则和内容有哪些？
4. 宴席与菜肴的命名方法有哪些？

思考题参考答案

项目1　中餐烹饪概述

1. 简述中餐菜肴的特点。

我国菜肴的特点有：选料讲究，用料广泛；刀工精细，配料巧妙；精于用火，锅工独到；注意调味，味型丰富；烹技高超，方法多样；品式典雅，花色繁多；合理配膳，注意营养；盛装器皿，选配适宜；幅员辽阔，菜系众多。

2. 烹调发明的重大意义有哪些？

烹调的发明具有以下几个方面的意义：火熟食物改变了人类茹毛饮血野蛮的原始生活方式，先烹后食又是人类饮食上的一次大飞跃。发明烹调后，人类扩大了食物的来源，逐渐懂得了吃鱼类等水产品。熟食以后，由于吸收营养多而全面，饱腹感和耐饥饿感增强，人类逐渐养成了定时饮食的习惯，从而有更多的时间从事其他的生产活动。通过烹调，人类渐渐地知道使用饮食器皿，进而懂得了生活上的一些礼节，开始向文明人过渡。

项目2　烹饪基本功训练

1. 烹饪操作的一般要求有哪些？

烹饪操作要做到以下几点：

①加强锻炼，以增强体力、耐力和左手的握力。

②操作姿势正确自然，行动距离力求最短，有利于减轻疲劳，提高工作效率。

③熟悉各种工具的正确使用方法，并能灵活应用。

④在操作时，必须集中精力、动作敏捷、注意安全。

⑤在使用调味品时准确、适量，并保持灶面整洁，注意烹调区域的清洁卫生。

2. 烹饪基本功训练的内容有哪几个方面？

烹饪基本功训练的内容主要有以下8个方面：

①投料及时准确。

②挂糊上浆适度、均匀。

③正确识别油温。

④灵活掌握火候。

⑤勾芡恰当。

⑥翻锅自如。

⑦出锅及时。

⑧装盘熟练、灵活、美观。

3.装盘的基本要求体现在哪几个方面?

装盘必须符合下列几项基本要求:

①注意清洁,讲究卫生:菜肴必须装在已清洁消毒的盛器内;手指不可直接接触成熟的菜肴;在装盘时手勺不能敲锅,锅底不可靠近菜肴,用干净抹布揩擦盘边。

②菜肴要装得形态美观,主料突出。

③要注意菜肴色和形的美观。

④菜肴的分装必须均匀,并一次完成。

4.简述热菜装盘的原则。

热菜装盘要遵循以下原则:

①盛器的大小应与菜肴的分量相适应。

②盛器的形状应与菜肴的形状相配合。

③盛器的色彩应与菜肴的色彩相协调。

项目3 刀工与原料成形

1.如何加工凤尾花刀?

在厚度约为1厘米,长度约为10厘米的原料上,先用反刀斜剞成刀距为0.3厘米或0.4厘米宽,深度约为原料的2/3或4/5的条纹;再横着采用直刀切三刀一断,成长条形。经烹制卷缩后即成凤尾形。

2.如何加工荔枝形花刀?

选用质地脆嫩的原料,厚度为0.8厘米,先用直刀法在原料上剞成一条条平行的直刀纹,其深度为原料的2/3,刀距为0.3厘米,再转一个角度,仍用直刀剞成一条条平行的、与前刀纹相交的直刀纹,再切成边长约5厘米的等边三角形,经加热烹制卷缩后即成荔枝形。

3.如何加工菊花形花刀?

在1厘米以上的原料上,采用垂直相交的直刀推剞十字花刀剞制而成的。刀距为0.3~0.6厘米,剞的深度为原料的4/5,再改刀切成3~5厘米的正方块,经加热后即卷曲成菊花形状。

4.如何加工麦穗花刀?

在厚度为0.8厘米的原料上用反刀斜剞0.8厘米宽的交叉十字花纹,再顺纹路切3厘米宽、约10厘米长的条,反刀斜剞的深度为原料的2/3。

项目4 烹饪原料的鉴别

1. 烹饪原料品质鉴别的依据和标准是什么？

烹饪原料品质鉴别的依据和标准是：原料的固有品质、原料的纯度和成熟度、原料的新鲜度、原料的清洁卫生。

2. 烹饪原料的鉴别方法有几种？试比较它们的异同。

烹饪原料的鉴别方法有：嗅觉检验、视觉检验、味觉检验、听觉检验、触觉检验。

①嗅觉检验。就是运用嗅觉器官来鉴定原料的气味。许多食品和副食品都有正常的气味，如肉类有正常的香味，新鲜的蔬菜也有清香味。

②视觉检验。直接能用肉眼根据经验辨别品质的，都可以用这种方法，即以原料的外部特征进行检查，以确定品质的好坏。

③味觉检验。通过人的舌头上面的味蕾，接触外物、受到刺激时即有反应，无论甜、咸、酸、苦、辣哪一种滋味，都可以辨别出来，并鉴定其品质好坏。

④听觉检验。音波刺激耳膜引起听觉，某些原料可以用听觉检验的方法来鉴定其品质的好坏。

⑤触觉检验。触觉是物质刺激皮肤表面的感觉。手指是较敏感的，接触原料可以检验原料组织的粗细、弹性、硬度等，并以此确定其品质的好坏。

3. 蔬菜的新鲜度鉴别应从哪几个方面进行检验？

蔬菜的新鲜度是衡量蔬菜质量高低的一个重要标准。蔬菜越是新鲜，质量也就越高，一般都是运用感官检验方法，主要对其含水量、色泽、形态3个方面进行检验。

4. 怎样对家畜肉和鱼类进行品质鉴定？

家畜肉的品质鉴别：一般从肉质结构、气味、色泽3个方面来进行品质鉴定。新鲜的家畜肉质紧密、质地坚实、富有弹性，用手指一按能迅速恢复原状，肌肉细嫩，结构柔软，光滑洁净，无黏液，无异味，色泽正常。

鱼类的品质鉴别：根据鱼鳞、鱼鳃、鱼眼的状态，鱼肉的密质程度，鱼皮上和鳃中分泌黏液量，黏液的外形和气味及鱼肉的色泽来判断。新鲜鱼的眼睛澄清而透明，完整，向外稍凸，周围无充血的现象。新鲜鱼的鳃色泽鲜红，鳃盖紧闭，黏液少且呈透明状，无臭味。新鲜鱼的表皮黏液较少，体表清洁，鱼鳞紧密完整，具有光感，肉质坚实，富有弹性，肛门周围呈一圆坑形，硬实发白，肚腹不膨胀。

5. 对烹饪工作者而言，要选择合适的原料，必须具备哪些原则和要求？

选料的原则：必须按照烹饪食品营养与卫生的基本要求选择原料；必须按照烹饪食品不同的质量要求选择原料；必须按照原料本身的特点和性质选择原料。

选料的基本要求：对选料的重要性要有正确认识，在思想上和工作中重视选料工作，知道选料的目的并掌握选料的基本原则和要求。熟悉各种原料的产地、产季和性质特

点，掌握它们最佳的使用时间、使用范围和使用方法。要掌握各种烹饪原料的质量要求和不同质量的原料对菜肴质量的影响，真正做到因菜选料、因料施烹，使菜肴达到完美的境地。

6. 原料的常用保藏方法有哪些？其主要原理是什么？

原料的常用保藏方法有：低温保藏法、高温保藏法、脱水保藏法、密封保藏法、腌渍保藏法、烟熏保藏法、气调保藏法、辐照保藏法、保鲜剂保藏法和活养保藏法。

低温保藏法：除降低环境温度外，还应注意控制空气中的湿度，蔬菜原料还必须控制空气中氧和二氧化碳的含量，才能达到理想的保鲜效果。

高温保藏法：一般来说，温度超过80 ℃，就可以破坏酶类的活性，并能杀灭绝大多数的微生物。

脱水保藏法：由于干制原料水分含量极低，破坏了微生物的生长环境，使外界微生物无法在干制原料上生长繁殖，因此脱水保藏法可延长原料保质期。

密封保藏法：将原料严密封闭在容器内，或在原料表面涂上一层石蜡、油脂等作为保护层，使之与日光、空气隔绝，以防止原料被日光照射和被空气污染、氧化。

腌渍保藏法：利用食盐、食糖、食醋、酒等浸渍原料，原料上一些浸染的微生物就会在高渗透压的作用下，细胞内的水分渗透到细胞外，引起细胞质收缩，而与细胞壁分离，致微生物死亡。

烟熏保藏法：是一种用树枝、锯木末、茶叶及其他皮壳等作燃料，以燃烟来熏烤原料的一种方法。由于烟中含有酚、醋酸等物质，能阻止细菌生长而起到防腐作用，熏过的原料有独特的烟香风味。

项目5 烹饪原料初加工

1. 鲜活原料的初加工方法有哪些？

鲜活原料的初加工方法有：

①摘剔。鲜活原料基本都存在不宜食用或不宜烹制的部分，如蔬菜的黄叶、老筋，肉类的毛发、淋巴等，必须将其摘除干净，保证取得质量上乘的净料。

②宰杀。一般适用于生命力较为旺盛的动物类原料的初加工，如活鸡、活鸭、活鱼、活兔等，常用颈部刺杀、溺死、敲打致死、灌死等宰杀方法。

③煺毛、剥皮或刮鳞。用于鸡、鸭、兔、鱼等动物类原料的初加工，必须除去它们身上不能食用的皮、毛、鳞等，才能进入下一步的加工。

④去皮。这里的"去皮"，说的是用于莴笋、山药、大蒜等蔬菜的去皮初加工。常用削法为莴笋、萝卜、冬瓜等去皮，用刮法为丝瓜、藕、山药、姜等去皮，用剥法为洋葱、蒜、豌豆、胡豆等去皮（壳）。

⑤开膛。针对动物类原料的一种初加工方法，也是动物类原料的一道重要加工工序。开膛去内脏的方法有腹开、腋开、背开3种，具体可根据烹调的实际需要而定。值得注意的是，开膛去内脏时，切记不能挖破苦胆及肝，否则将会影响整只原料的成菜质量。

⑥清洁、洗涤处理。这是前面5种初加工方法完成之后的必经步骤，也是保证原料及菜品质量的关键步骤。

2．举例说明新鲜蔬菜的加工方法。

新鲜蔬菜加工的方法有：

①摘除整理。多用于叶菜类，主要是去除老根、黄叶、杂物等。

②削剔处理。大多数根茎类和瓜果类蔬菜都需要去皮处理后方可食用，比如，竹笋、萝卜、莴笋、冬瓜、南瓜等。

③洗涤方法。通常有冷水洗、高锰酸钾溶液洗、盐水洗、洗洁精溶液洗4种洗涤方法，具体洗涤方法的选用，需视原料情况而定。

例如：蕹菜的初加工步骤

摘剔→洗涤

因为蕹菜的质地非常细嫩，所以摘剔时不需要用刀，用手便能完成。其方法是：左手握住菜苗，右手食指和拇指配合，先摘去老根和老叶，再将可食用的嫩菜苗部分掐成5厘米左右的节，最后放入清水盆里浸泡5分钟，用清水洗净即可。

3．为什么一般蔬菜都要先洗后切？

为了不让切面弄脏，清洁效果好；切了再洗容易让营养成分流失。

4．简述家禽初加工的方法。

家禽加工程序较为复杂，要求严格，必须按正确的步骤进行。主要体现在宰杀、煺毛、剖腹及整理内脏几大环节。

①宰杀。宰杀前，准备一个碗，碗内放少许盐和适量清水。宰杀时，用左手握住鸡翅，小拇指勾住鸡的右腿，腾出大拇指和食指捏住鸡颈皮并反复向后收紧，使气管和血管凸起在头跟颈部，将准备下刀处的毛拔去，用刀割断气管和血管（刀口要小），并迅速将鸡身下倾（即头朝下、鸡尾朝上）使血液流入盐水碗中，再将血液与盐水搅匀即可。

②煺毛。宰杀好待其完全停止动弹后方可进行烫泡、煺毛。过早会引起禽肉痉挛而造成破皮，过迟则禽体僵直，毛不易煺掉。

烫泡时水温要适中（一般80～90℃），水温的变化要根据禽体的品种老嫩和环境温度等因素的变化而灵活掌握；水量要充足，保证将禽体烫匀、烫透，尤其是禽的头部、腋下、脚部老皮等。

煺毛时应掌握技巧，技术熟练的厨师讲究"五把抓"，即头颈、背、腹、两腿各一把，禽毛即可基本煺净。

③剖腹。开膛的方法通常有腹开、背开、腋开3种。

腹开：腹开适用于一般烹调方式。在鸡颈右侧靠近嗉囊处开一小口，轻轻取出嗉囊、食道和气管。再在肛门与鸡胸之间划一条5～6厘米的刀口，从刀口处用手轻轻掏出内脏，割断肛门与肠连接处，洗涤干净即可。

背开：背开适用于扒、蒸等烹调方式。用左手稳住鸡身，使鸡背向右，右手用刀顺背骨

劈开，掏出内脏（注意拉出嗉囊时用力要均匀适度），用清水冲洗干净即可。

腋开：腋开适于整鸡去骨后填馅蒸或煨制。将鸡身侧放，右翅向上，左手掌根稳住鸡身，手指拘起鸡翅，用右手持刀在右翅下开一小口，再将右手中指和食指伸入，将内脏轻轻拉出（注意拉出嗉囊、食道和气管），用清水反复冲洗干净即可。

④整理内脏。家禽经初加工处理后，最后除去绒毛并洗涤。

除去绒毛：家禽在宰杀、煺毛、去内脏后，其身体上残留了很多较细小的绒毛，不易用手清理干净，可将少许酒精涂抹在禽体表面（或高度酒）点燃，烧去残留绒毛。

洗涤：除正常冲洗禽身外，还要注意将易污染、藏污的部分洗涤干净，如口腔的洗涤、颈处气血管和甲状腺的清除、腹腔的洗涤等。

5. 家禽初加工有哪些要求？

家禽初加工的要求有：

①宰杀时将气管、血管割断，放尽血液。为了节约加工时间，可同时割断气管与血管，使其迅速流尽血液，断气身亡。如果气管、血管没有完全割断，血就放不尽，肉色发红影响成品质量。

②煺净禽毛。家禽煺毛有较强的技术性，为了保证家禽的形态，在煺毛的同时还必须保证家禽皮的完整性，其关键在于烫泡水温和烫泡时间长短的控制。总的原则是根据家禽的品种、老嫩和加工季节的变化而灵活掌握。一般来说，质老的水温则高，时间则长；夏季水温偏低，时间更短。

③洗涤干净。家禽清洗时的重点部位是口腔、颈部刀口处、腹腔、肛门等，另外，内脏也要反复清洗，有的还需用盐和醋搓洗，以便除去黏液和异味。

④剖口正确。在宰杀时，颈部宰杀口要小，且不能太低，具体的开膛（剖口）方法则应根据菜品要求而定。

⑤物尽其用。因为家禽可食用部分除了肉以外，头、爪、肝、肠、肚、血液等均可用来烹制菜肴，所以在加工时应注意保存利用，以提高利用率，降低产品成本。

6. 家畜内脏初加工有哪些要求？

家畜内脏初加工的要求有：

①洗涤干净，除去异味。家畜内脏污秽而油腻，腥异味较重，特别是肠和肚，若不洗干净根本不能食用。一般采用明矾、盐或醋等物质进行搓洗以去掉原料中的黏液及异味，而后用清水冲洗干净即可。

②遵循加工后不改变原料质地，保存营养的原则。家畜内脏初加工的根本原则是除净杂质异味，改进原料风味，但也应注意每一种原料都有其固定的质地和营养成分。因此，在原料初加工时应尽量避免因过度加工或不当加工造成的原料固有质地的变化或营养流失。

③严格质量鉴定，重视净料保管。家畜内脏里的污物很多，极易造成污染。如果搁置时间较长，其异味就很难去除，且内脏容易发黑。因此，初加工前必须做好原料质量的鉴定并及时加工处理，加工好的净料要保管得当，防止污染腐败，并尽快用于烹调。

7. 家畜内脏初加工的方法有哪些？

家畜内脏初加工的方法有：

①里外翻洗法。用于肠、肚等内脏的里外翻洗加工，有利于保证原料的内外清洁卫生。

②搓洗法。用于洗涤黏液、污秽较多的内脏，如肠、肚等。一般是先用盐、醋、明矾等搓洗，再用清水洗净污物、油腻、黏液，此法还有去除异味的作用。

③烫洗法。将内脏投入开水锅中稍烫一下，当内脏开始卷缩、颜色转白时立即捞出，再用刀刮洗，如肠、肚、舌、爪的加工。

④刮洗法。用于去掉原料表面的黏液、污物以及去掉一些内脏的硬壳等。多结合烫洗法进行，如舌头先烫至舌苔发白后再用刀刮去舌苔洗净即可。

⑤灌水冲洗法。主要应用于肺的洗涤，因为肺的气管和支气管组织复杂、气泡多，血污不易清除。应将肺管套在水龙头上，把水灌入肺中便使肺叶扩张，从而去除血污，直至其色发白，再剥去肺外膜洗净即可。

⑥清水漂洗法。用于质地较嫩、易碎原料的洗涤加工，如家畜的脑、髓、肝等。

8. 鳝鱼的加工方法有哪些？

鳝鱼的加工步骤：

①鳝丝：泡烫→洗涤。将鳝鱼放入盛器中，加入适量的盐和醋（加盐的目的是使鱼肉中的蛋白质凝固，"划鳝丝"使鱼肉结实；加醋的目的则是便于去除腥味和黏液），然后倒入沸水，立即加盖，用旺火煮至鳝鱼嘴张开，捞出放入冷水中浸凉洗净白涎，然后用竹刀（竹制刀）从鳝鱼颈部刺入，紧贴脊骨划成鳝丝，再切断备用。

②鳝片：出骨→洗净。先击鳝鱼头部，将头钉于木板上，以左手紧握鳝身，右手用刀从鳝颈部横割一刀，然后用刀尖贴进背脊骨往下拉到尾部，剔净脊骨和内脏，切去鱼头，用5%的盐水洗净备用。

9. 试述甲鱼的初加工方法。

甲鱼的加工步骤：宰杀→烫皮→开壳→取内脏→焯水→洗涤

将甲鱼腹面朝上，待甲鱼伸出头时，对准颈部用刀割断血管和气管，放尽血后放入70～100 ℃的热水中，烫泡2～3分钟取出（水温和烫泡时间可根据甲鱼的老嫩和季节的不同灵活掌握），搓去周身的脂皮。然后从甲鱼裙边下面两侧的骨缝处割开，掀起背甲，挖去内脏后用清水洗净。另将甲鱼的肝、肠洗净备用。

10. 什么是干货原料的涨发？其目的是什么？

干货原料涨发是采用各种不同的加工方法，使干货原料重新吸收水分，最大限度地恢复其原有的鲜嫩、松软、爽脆的状态，同时除去原料中的杂质和异味，便于切配、烹调和食用的原料处理方法。

干货原料涨发的目的：干货原料经过合理涨发加工，将能最大限度地恢复其原有的松软质地，提高其食用价值，增加良好的口感，有利于人体的消化吸收。除此之外，还可除去原料中的异味和杂质，便于刀工处理，提高烹饪价值。

11. 干货原料涨发的方法有哪些？各适用于什么原料？

干货原料常用的涨发方法有：水发、油发、碱发、晶体发4种。

在具体操作运用中，水发又分为冷水发和热水发，而热水发包括泡发、煮发、焖发、蒸发等。除水发外，其他3种涨发都必须由水发来配合完成涨发过程。

①水发。将干货原料放在水中浸泡，使其最大限度地吸收水分、去掉异味，涨大回软的过程。

水发是运用最多的涨发方法，其使用范围很广，除部分有黏性油分、有胶质及表面有皮鳞的原料外，一般干货原料都可采用水发。即使经过油发、碱发、水发、晶体发处理的干料，最后也要经过水发的过程。因此它是最普通、最基本的涨发方法。

②碱发。是将干货原料先用清水浸软，再放进碱性溶液中浸泡，利用碱的脱脂和腐蚀作用，使其涨发回软的一种涨发方法。

碱发能缩短发料时间，但会使原料的营养成分有一定的流失。因此，运用碱发要谨慎，使用范围仅限于一些质地僵硬、单纯用热水发不易发透的原料，如墨鱼、鱿鱼等。其他质地较软的干料都不宜碱发。

③油发。是把干货原料放入多量的油内浸泡并逐步加热，利用油的传热作用使原料膨胀疏松的方法。这种方法利用油的导热性使干货原料中所含有的少量水分迅速受热蒸发，促使其快速膨胀，从而达到干货原料疏松的目的。适用于富含胶质和结缔组织的干货，如肉皮、蹄筋、鱼肚等。

④晶体发。是把干货原料放入装有较大量食盐或沙的锅内加热，炒、焖结合，使之膨胀松泡的涨发方法。因为晶体发的原理与油发类似，所以用油发的原料也可使用晶体发，如肉皮、蹄筋、鱼肚等。

12. 叙述海参、鱼翅、蹄筋的涨发方法及注意事项。

海参涨发方法及注意事项：浸发→煮发→剖腹洗涤→煮（焖）发。

方法：涨发时先将海参放入盆内，倒入开水浸泡至回软后，捞出放进冷水锅中烧开约10分钟端离火口。浸泡几个小时，等到海参发软后，捞在开水盆内，用刀把海参的腹部划开，取出肠肚后洗净，再放入冷水锅中煮开后离火焖上，这样反复2~3次，直到海参柔软、光滑，捏着有韧性，放入开水中泡着待用。

注意事项：

①海参涨发好后因其质地柔软，蛋白质含量高，在涨发过程中应注意防止腐烂变质。

②根据海参的涨发程度，将已涨发好的选出，分类涨发。

③以焖发为主，煮只是起升温作用。

④涨发好后要经常换水，防止腐烂变质。

⑤在保养过程中不能沾油腻、碱、盐等具有腐蚀性的物质。

鱼翅涨发加工步骤：泡发→煮发（褪沙）→焖发

鱼翅主要采用水发，在水中经过反复泡、煮、焖、浸、漂等操作过程。由于鱼翅的品种较多，老嫩、厚薄、咸淡不一，因此，涨发加工也有差别。

①生翅。生翅是指没有褪沙和去粗皮的鱼翅。

方法1：涨发前，先将鱼翅薄边剪去，防止涨发时沙粒进入翅内。用冷水浸泡鱼翅回软

（约12小时），放入沸水锅焖至沙粒大部分鼓起时，用刀刮去粗皮、沙粒，边刮边洗，去净沙粒。切除腐肉部分，按鱼翅老嫩、软硬分开，分别装入竹篮内，加盖焖4～6小时，焖透后稍凉趁热出骨，再焖约2小时（注意检查涨发程度），至全部发透时取出，然后用清水洗净，去掉异味，即成半成品。

方法2：蒸制，就是将已褪沙切去翅根的鱼翅放入蒸盆内，加清水、姜葱、料酒入笼蒸约2小时，去掉翅骨和翅肉，又换清水和佐料再蒸约2小时，如此反复几次，直至鱼翅发透无异味，取出另换清水浸漂备用。

②净翅。净翅是指经过加工，去掉泥沙和粗皮的干鱼翅。

方法：只需用冷水或沸水浸发2～3天后，放在锅内煮至鱼翅露出时，取出净翅，仍用纱布包好，煮去樟脑味，然后用鸡汤煨制或上笼蒸软后，用清水浸泡待用。

③杂翅。嫩而小的杂翅干薄而坚硬，沙粒也较难除去，宜采取焖的方法发料。

方法：焖，先剪去翅边，放入清水内浸泡，待回软后又放入沸水内反复焖泡，直至能刮去沙粒为止，褪沙切去翅根后，其余涨发方法同"生翅"。只是要注意检查，涨发透后即用清水漂洗备用。

注意事项：涨发前，须将鱼翅的大小、老嫩分开，以便分别处理，防止嫩的发烂、老的发透；忌用铜、铁或带有碱、盐、矾、油物质的容器盛装，以防污染鱼翅造成黑迹黄斑，影响质量；发好的鱼翅不能放在水中浸漂。

蹄筋涨发加工步骤：油发→碱水洗→清水漂洗

常见的蹄筋有猪蹄筋、牛蹄筋两种，其涨发方法有油发、盐发、水发3种，其中油发最常用。

方法1：油发。先将蹄筋放入热水中快速洗去污物和油脂，晾干水后放入冷油锅内，微火加热，不断翻动。蹄筋先慢慢收缩，待出现白色小气泡时捞出，将油温升至6成热时，再放入蹄筋，并不断翻动，直至蹄筋完全膨胀鼓起时取出。如果能轻松捏断，证明已发好；如捏不断，就再放入热油锅炸发，直至涨发到饱满松泡时，捞起放进热碱水中洗去油腻并使之回软，再换清水漂洗干净，另换水浸泡待用。

方法2：盐发。先将食盐炒干，然后下蹄筋并迅速翻炒，待蹄筋开始涨大时，埋进盐中焖透后继续翻炒，直到能掐断时，取出用热水反复漂洗干净待用。

方法3：水发。先用温水把蹄筋洗一下，下锅煮2～3小时，捞起撕掉其外层的筋皮并洗净，再放入锅中加水用小火慢煨，直到煮透回软时捞出，用水泡上待用。

涨发墨鱼干时，如使用不完，需用开水加少许碱保养，但使用时必须去净碱味。

项目6　火　候

1. 什么是火候？火力有几种？怎样鉴别火力？

火候是指菜肴在烹制过程中，所用火力的大小、温度的高低、加热时间的长短。

火力一般分为：旺火、中火、小火、微火。

火力的鉴别，除直接观察火焰的高低，火光颜色和热度外，还应随时关注锅内温度的变化，依据烹制菜肴的需要来调节火力的大小。

旺火：火力强而集中，火焰高而稳定，呈黄白色，光度明亮，热气袭人。

中火：火力次于旺火，火焰略低但稳定，并较分散，呈红色，光度稍差，辐射热较强。

小火：火力较弱，火焰细小并摇晃，时起时落，呈青绿色，光度发暗，辐射热较弱。

微火：火力微弱，有火无焰，红而无力，但辐射热较弱。

2. 掌握火候的原则有哪些？

掌握火候的原则有：

①适应烹调方法的需要。

②适应原料种类和质地的需要。

③适应原料形状、规格和数量的需要。

④适应菜肴风味特色的要求。

⑤根据原料在加热过程中形体和颜色的变化。

3. 原料受热时，会发生哪几种变化？

原料在加热过程中，会发生各种物理和化学变化。

4. 如何根据原料的质地与形状去控制火候？

烹制不同种类和质地的原料需用不同的火候。质地细嫩的原料，应用旺火快速加热，以保持其细嫩；质地坚韧的原料，应用中火长时间加热，使纤维组织松软疏散，易于消化。故掌握火候要因料而施。

同一原料，由于形状、规格的不同，采用的火候也应不同。体形大、粗、长而厚的原料，加热时间应长些，否则不易熟透；反之，刀工处理后形状规格较小的原料加热时间应短些，火应旺。原料的数量较多，须用较多的热才能使其致熟，因此加热时间需要长一些。

项目（可变因素）		火力	时间	备注
原料质地	质老、坚韧	中或小	较长或长	动物类与植物类有差异
	质嫩、细软、松散	旺	短	
原料形状	大、粗、长、厚	中或小	较长或长	考虑原料质地的因素
	小、细、短、薄	旺	短	

项目7　预熟处理

1. 什么是预熟处理？

预熟处理是指根据菜肴成菜的要求，把经过加工的烹饪原料，放入油、水或蒸汽等传热介质中进行预先加热，使其达到半熟或刚熟，以备正式烹调所用。预熟处理常用的方法有焯水、过油、走红、汽蒸等。

2. 焯水处理有哪几种方法？各自适用的范围如何？

焯水一般可分为冷水锅焯水和沸水锅焯水两类。

冷水锅焯水的适用范围：这种方法适用于腥、膻、臊等气味较重、血污较多的原料，如牛肉、羊肉及动物内脏，如心、肚、大肠等。

沸水锅焯水的使用范围：此法适用于需要保持色泽鲜艳、口感脆嫩的蔬菜类原料，如菠菜、胡萝卜、莴笋、豇豆等。此法还适用于腥、臊等气味较小、血污少、体积小的动物类原料，如鸡、鸭、鱼等。

3. 过油处理有哪几种方法？各自适用的范围如何？

按照油温的高低、油量的多少和过油后原料质感的不同，过油的方法可分为滑油和走油两种。

滑油的适用范围：滑油适用范围较广，多为动物类原料，如鸡、鸭、鱼、虾、猪肉、牛肉、羊肉、兔肉等。原料多以丝、丁、片、粒、块等小型的状态出现。主要用于滑炒、滑溜、爆等烹制法，如鲜溜鸡丝、水煮鱼片等。

走油的适用范围：走油的适用范围较广，家畜类、家禽类、蛋类、豆制品类等原料都适用。走油的原料一般都是大块或整只等规格，适用于挂糊、不挂糊或走红加工，多用于烧、煨、焖、煎、蒸等烹调方法制作的菜肴，如红烧狮子头、豆瓣鱼、酥肉、丸子等。

4. 如何鉴别油温？

油温是指油在锅中加热后达到的温度。

3～4成：低油温（90～130 ℃）。无青烟，无响声，油面较平静。

5～6成：中油温（130～170 ℃）。有少量的青烟从四周向锅中间翻动，搅动时有微响声。

7～8成：高油温（170～230 ℃）。冒青烟，油面平静，搅动时有响声。

5. 影响油温的主要因素有哪些？

影响油温的高低因素较多，但归纳起来，主要有以下3点：

①火力大小的因素。用旺火加热，原料下锅时，油温应低一些，因为旺火可使油温迅速升高。如果原料在火力旺、油温高的情况下入锅，极易造成原料粘连和外焦而内生。用中火加热，原料下锅时，油温应高一些，因为用中火加热，油温回升较慢。入锅原料在火力不太旺、油温低的情况下入锅，油温会迅速下降，使原料脱芡、脱糊。

②投料数量多少的因素。投料数量多，下锅时油温应高一些，因为原料本身是冷的，下锅时油温迅速下降。而且投料越多，油温下降的幅度越大，回升越慢；反之，投料数量少，下锅时油温应低一些。

③原料的性质和规格的因素。质地细嫩或形态小的原料，下锅时油温应低一些；质地粗老、韧硬和整形、大块的原料，下锅时油温应高一些。

总之，以上各方面都不是孤立存在的，必须综合考虑、灵活掌握，以正确地控制油温。

6. 什么是走红？走红有哪几种处理方法？各自适用的范围如何？

走红又称红锅、着色，是将原料投入各种有色调味汁中或将原料表面涂抹上有色调味品后再油炸，使其原料表面有色泽，是原料上色的一种预熟处理方法。

走红有卤汁走红和过油走红两种方法。

卤汁走红适用范围：卤汁走红一般适用于鸡、鸭、猪肉、蛋等形态较大的原料上色，用于制作烧、蒸、烩类菜肴。

过油走红适用范围：过油走红一般适用于鸡、鸭、鹅、猪肉等整只或大块原料的上色，用以制作炸、烤、蒸类菜肴。

7. 汽蒸有哪几种方法？各自适用的范围如何？

根据原料的性质和蒸制后质感的不同要求，汽蒸可分为旺火沸水长时间蒸制和中小火沸水徐缓蒸制两种方法。

旺火沸水长时间蒸制法的适用范围：此法主要用于体积较大、韧性较强，不易软糯的原料。

中火沸水徐缓蒸制法的适用范围：此法主要适用于新鲜、细嫩、易熟的原料或半成品。

项目8　着味、挂糊、上浆、勾芡、制汤工艺基础

1. 着味的作用和原则是什么？

着味的作用：便于调味品渗透进原料内，可以对原料起到除异增鲜的作用，还能保持原料的细嫩鲜脆。

着味的原则：调味品应与主要原料充分拌匀，并按照成菜的要求合理使用调味品，该突出使用的应突出使用，根据成菜要求灵活运用有色调味品，根据烹饪时间及原料性质正确掌握着味时间，着味时应保持蔬菜类原料的色、形、质地，掌握精盐用量。

2. 挂糊和上浆的区别。

上浆和挂糊的作用虽然基本相似，但两者有严格的区别：

①浆与糊的浓度不一样。浆比较稀薄，糊比较浓稠。

②上浆和挂糊产生的效果不一样。上浆后的原料成菜后口感细嫩滑爽有光泽，而挂糊后的原料成菜后口感酥脆或外酥里嫩。

③上浆和挂糊适应的范围不一样。上浆一般适宜于原料体积较小，常用于爆、炒、熘等烹调方法的菜肴；挂糊一般适宜于原料体积较大，常用于炸制的菜肴。

3. 勾芡的作用。

①勾芡可以增加菜肴汤汁的黏性和浓度。

②勾芡使菜肴光润鲜艳，增加美观等作用。

4. 常见汤的种类及制汤的基本要求。

常见的汤有：①高汤（又称毛汤、鲜汤）；②奶汤（又称乳汤、白汤）；③清汤（又称高级清汤）；④红汤。

制汤的基本要求是：

①必须选用鲜味浓厚、无腥膻气味的原料。

②制汤原料一般均应冷水下锅，中途不宜加水。

③必须恰当地掌握火力和时间。

④掌握好调料的投料顺序和数量。

项目9　调味工艺基础

1．调味的作用和基本原则是什么？

调味的作用：①除异解腻；②增加美味；③确定口味；④美化色彩；⑤突出风味。

调味的基本原则：菜肴调味必须根据菜肴成菜特点的要求、原料性质和烹制方法的不同而采取适当的时机进行调味。

2．常见的基本味型和复合味型有哪些？

常见的基本味型：咸味、甜味、酸味、辣味、香味、鲜味、麻味。

常见的复合味型：咸鲜味、咸甜味、五香味、糖醋味、麻辣味、红油味、荔枝味、鱼香味、家常味、怪味。

3．菜肴调色的方法有哪些？

菜肴的调色方法有：①保色法；②变色法；③兑色法；④润色法。

4．菜肴增香的方法有哪些？

菜肴增香的方法有：①抑臭增香法；②加热增香法；③封闭增香法；④烟熏增香法。

5．如何进行调味品的保管和放置？

调味品的保管：

①应做到先进先用的原则。调味品一般不宜久存，在使用时应先进先用，避免储存过久而变质。

②应充分掌控好数量。需要事先加工的调味品，不宜一次加工过多，如葱、姜、蒜等，应根据用量进行掌控。

③一些酱汁类调味品（如番茄酱、芝麻酱、豆瓣酱、辣椒酱等）需在其面上覆盖一些层油，以保持这类调味品不发生霉变。

④水淀粉、湿淀粉最好当日调制当日用完，在使用过程应勤换水并保证淀粉清洁卫生。一些未使用完又易变质的调味品在收捡时应放入冰箱中储存，无须冷藏的调味品也应加盖。

⑤色泽较深的调味品，应经常进行卫生检查，防止蝇虫和其他杂质落入。

⑥不同性质的调味品应分类储存保管。为保证油脂质量，未使用过的植物油脂应与炸过原料的植物油脂分别放置，使用过的油脂每日需进行去渣处理。

调味品的放置：

①常用的放得近，不常用的放得远。

②先用的放得近，后用的放得远。

③湿的放得近，干的放得远。

④有色的放得近，无色的放得远，同色的调味品应间隔放置。调味品的放置位置一旦确定后，最好不要随意变动，要随用随放回原处，避免用时出错。

项目10　菜肴烹调方法及运用

1. 烹的作用有哪些？

烹的作用：①杀菌消毒；②使菜肴气味芳香；③烹制成复合味美的菜肴；④使菜肴的色、香、味、形俱佳。

2. 调的作用有哪些？

调的作用：①确定菜肴的口味；②增加美味；③除异解腻；④调和荤素及滋味；⑤突出地方菜肴风味的主要标志；⑥美化菜肴色泽；⑦增强食欲。

项目11　菜肴和宴席的配制工艺

1. 配菜有哪些作用？

配菜的作用：

①确定菜肴的质和量。

②确定菜肴的色、香、味、形、器。

③确定菜肴的营养价值。

④确定菜肴的成本。

2. 配菜有哪些基本要求、方法和原则？

配菜的基本要求：

①熟悉和了解原料。

②熟悉烹调方法，精通刀工，了解菜肴成菜特点。

③掌握净料成本，选用适当的器皿。

④注意营养成分和清洁卫生。

⑤具有审美感。

⑥能够推陈出新，创新菜肴品种。

⑦利于后续工作人员操作。

配菜的方法：可以分为配一般菜肴和配花色菜肴两类。配一般菜肴的配菜方法较为简单，按照配菜基本要求和原则实施就可达到菜品成菜的要求。花色菜肴的配菜方法主要有贴、酿、扣、扎、包、卷、蒙等几种。

配菜的原则：

①量的配合。

②色的配合。

③香和味的配合。

④形的配合。

⑤质的配合。

3. 宴席配菜的原则和内容主要包括哪些？

宴席配菜的原则：

①讲究营养，务求实惠。

②注意顺序，按价配菜。

③突出风味，显示特色。

④清鲜为主，浓淡相益。

⑤工艺多样，形色多变。

⑥因人而异，因时配菜。

宴席配菜的内容：一般宴席中有凉菜、热菜、饭菜、小吃、水果5项。

4. 宴席与菜肴的命名方法有哪些？

菜肴的命名方法：

①按烹调方法和主料、辅料名称命名。

②按特殊的辅料和主料名称命名。

③主料前冠以色、味、香、形、质等显著的特色命名。

④按调味品和主料命名。

⑤按菜餐的色泽命名。

⑥按菜肴的形状命名。

⑦按地名、人名命名。

⑧主料前冠以烹制器皿的种类命名。

宴席的命名方法有：

①用头菜名称命名。

②按烹制原料属性或主要用料命名。

③以烹调方法命名。

④以风景名胜、历史典故、名人命名。

⑤以办宴的目的命名。

参考文献

[1] 崔桂友.烹饪原料学[M].北京：中国轻工业出版社，2006.
[2] 贾晋.烹饪原料加工技术[M].3版.北京：中国劳动社会保障出版社，2015.
[3] 周晓燕.中式烹调师：初级[M].2版.北京：中国劳动社会保障出版社，2007.
[4] 韩枫.烹调技术[M].3版.北京：中国劳动社会保障出版社，2015.
[5] 刘致良.烹调基础[M].北京：机械工业出版社，2008.
[6] 陈光新.烹饪概论[M].4版.北京：高等教育出版社，2019.
[7] 张仁东，许磊.烹饪工艺学[M].重庆：重庆大学出版社，2020.
[8] 谢飞明.烹饪原料与初加工技术[M].2版.北京：中国劳动社会保障出版社，2019.
[9] 冯玉珠.烹饪概论[M].重庆：重庆大学出版社，2015.